Mathematica による通信工学

榛葉 實 著

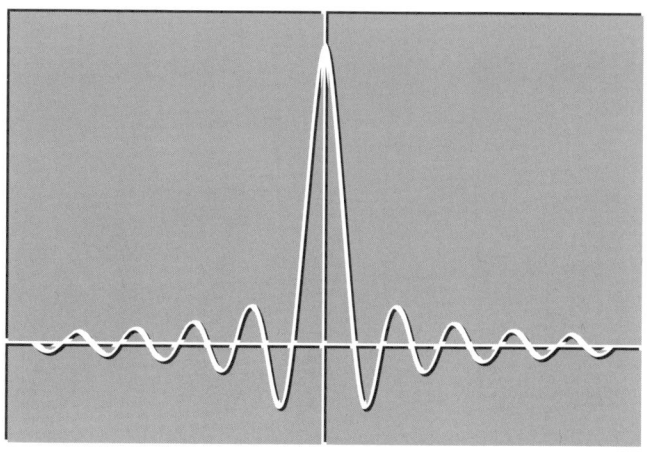

 東京電機大学出版局

Ⓡ〈日本複写権センター委託出版物〉
本書の全部または一部を無断で複写複製（コピー）することは，著作権法上での例外を除き，禁じられています。本書からの複写を希望される場合は，日本複写権センター(03-3401-2382)にご連絡ください。

まえがき

　この頃では我々の周囲に多くの情報が満ち溢れており，遠くの情報でも瞬時に手元に入手できるようになりつつある．これらの情報は有線，無線，光ファイバなどにより伝えられるのであるが，その仕組みを理解するためには通信工学を勉強する必要がある．しかし，通信工学の勉強を始めて見るとやたらに難しい式や複雑なグラフがあったりして勉学意欲を失わせる事にもなりかねない．

　このようなとき，簡単に式が解けたりあるいは式を書いただけでグラフを描いてくれたら通信工学を理解するのに大変役立つと考えていた．そのようなとき，Mathematica に出会いしばらく使っているうちに大変便利である事に気が付いて，もう少し通信工学関係の内容を理解するのにやさしく書いた本が必要と感じ本書を書くことになった．

　また，最近のパソコンの発展はすばらしく，ソフトウエアの進展とも相俟って古いパソコンで Mathematica の ver.2.2 で計算したとき，結果が出るまで 15 分もかかり何か間違っているのではないかと思った事もある計算を，最近のパソコンで Mathematica の ver 3.0 を用いた場合に十秒程度で解けてしまうなど大きな驚きであった．

　本書は，Mathematica の入門書であると同時に Mathematica を使って通信工学を理解しようとしたので，一応通信工学の基礎は理解していることを前提としている．構成は第 1 部に Mathematica の基本的事項を述べ，第 2 部に通信工学への応用を述べた．

　第 1 部の基本的事項は，初めて Mathematica を使う学生が本書を理解するために必要な最小限の内容を述べたものであり，一応 Mathematica を使うのに必要な基本的な内容は述べたつもりである．

　第 2 部の通信工学への応用では，この分野で最初に勉強する回路理論，電磁気から始めて有線，無線，光などに関する Mathematica で勉強するのに適当な幾つ

かの例題を述べている．したがって，Mathematica を使わなくてもすむ多くの問題は述べてないので，それらはそれぞれの専門の教科書で勉強し，必要に応じて Mathematica を使い計算したり，グラフを描いて確認することにより理解を深める事ができよう．

計算を行うための式の誘導などは本書の目的から少し外れるので，なるべく簡略化したので分かりにくい点もあるかもしれないが，途中の計算式の誘導等は巻末の文献等を参照されたい．

また，Mathematica の画面の表示を行うのに In[1], Out[2] 等の表現は煩雑であるので第5章までにし，第6章以降は表示を省略した．

以上，記述にあたってはなるべく平易にかつ分かり易く述べるようにしたつもりであるが，著者の思い違いや記述の不完全な事で理解を困難にする事があるかも知れないが，これらは今後改善していきたいと考えている．

終わりに，本書を執筆するにあたり参考にさせて頂いた文献等の著者および東京電機大学出版局の方々に深く感謝いたします．

2000 年 7 月

榛葉　實

目　　次

第 1 部　基礎

1　*Mathematica* のはじめ ··2
  1.1　*Mathematica* の起動 ···2
  1.2　計算結果の保存と *Mathematica* の終了 ····························3
2　基本計算 ···5
  2.1　加減乗除 ··5
      （1）足し算 ··5
      （2）引き算 ··6
      （3）掛け算 ··6
      （4）割り算 ··6
  2.2　べき乗およびべき乗根 ··7
  2.3　組込み関数 ··8
  2.4　複素数 ··11
  2.5　シンボルの計算 ··14
  2.6　簡単な図形の描き方 ··16
  2.7　パッケージ ··16
  演習問題 ··18
3　代数計算 ··19
  3.1　因数分解 ··19
  3.2　部分分数 ··20

- 3.3 方程式の解法 …………………………………………20
  - (1) 因数分解可能な場合 ………………………20
  - (2) 数値解 ……………………………………20
  - (3) 一般式の解 ………………………………21
- 3.4 線形連立方程式 ……………………………………23
  - (1) 連立方程式 ………………………………23
  - (2) ベクトル …………………………………24
  - (3) 行列 ………………………………………25
- 演習問題 ……………………………………………………27
4 微分 ……………………………………………………………28
- 演習問題 ……………………………………………………29
5 積分 ……………………………………………………………30
- 5.1 不定積分 ……………………………………………30
- 5.2 定積分 ………………………………………………31
- 演習問題 ……………………………………………………31
6 グラフの描き方 ………………………………………………33
- 6.1 二つの関数の同時描画 ……………………………33
- 6.2 線種の指定 …………………………………………34
  - (1) 点線と破線 ………………………………34
  - (2) 線の太さ …………………………………34
  - (3) 線の色 ……………………………………35
  - (4) 線の濃淡 …………………………………36
- 6.3 描画範囲の指定 ……………………………………36
- 6.4 グラフの枠 …………………………………………37
- 6.5 フレームラベル ……………………………………38
- 6.6 座標軸の変更 ………………………………………39
  - (1) 軸の交点 …………………………………39
  - (2) 補助線 ……………………………………39

6.7 対数表示 ……………………………………………… 40
　　（1）片対数表示（横軸線形，縦軸対数）……………… 40
　　（2）逆片対数表示（横軸対数，縦軸線形）……………… 41
　　（3）両対数表示（横軸，縦軸とも対数）……………… 41
6.8 棒グラフ ……………………………………………… 42
6.9 円グラフ ……………………………………………… 43
演習問題 …………………………………………………… 44

7 式の数値表示とグラフ ……………………………………… 45
7.1 式の数値表示 ………………………………………… 45
7.2 計算点のグラフ表示 ………………………………… 46
演習問題 …………………………………………………… 46

8 測定点の表示 ……………………………………………… 47
8.1 測定点のグラフ化 …………………………………… 47
8.2 測定点の近似式 ……………………………………… 48
演習問題 …………………………………………………… 49

第2部　通信工学への応用

9 回路理論 …………………………………………………… 52
9.1 回路基礎 ……………………………………………… 52
　　（1）負荷抵抗で消費する最大電力 ……………………… 52
　　（2）ベクトル軌跡 ……………………………………… 54
　　（3）ケーブルの2次定数 ……………………………… 56
9.2 リサージュ波形 ……………………………………… 57
9.3 フーリエ級数 ………………………………………… 59
　　（1）フーリエ級数の式による方法 ……………………… 59
　　（2）Mathematica の関数を用いる方法 ……………… 61
9.4 フーリエ変換 ………………………………………… 67
　　（1）フーリエ変換式による方法 ……………………… 67

vi 目次

  (2) *Mathematica* の関数を用いる方法 …………………………72
 9.5 CR 回路のパルス応答波形 ………………………………………73
 演習問題 ……………………………………………………………………76
10 電磁気 ……………………………………………………………………………77
 10.1 点電荷による電位および電界 …………………………………………77
  (1) 電位分布 …………………………………………………………77
  (2) 電気力線 …………………………………………………………80
  (3) 等電位線 …………………………………………………………81
 演習問題 ……………………………………………………………………83
11 変調 ………………………………………………………………………………84
 11.1 振幅変調（AM）…………………………………………………………84
  (1) 両側波帯変調（DSB-AM）………………………………………84
  (2) 搬送波除去振幅変調（SC-DSB-AM）…………………………87
  (3) 単側波帯振幅変調（SSB-AM）…………………………………88
  (4) 強度変調（IM）…………………………………………………88
 11.2 周波数変調および位相変調（FM, PM）……………………………89
  (1) 周波数変調 ………………………………………………………89
  (2) 位相変調 …………………………………………………………89
  (3) 帯域幅 ……………………………………………………………91
 演習問題 ……………………………………………………………………93
12 復調 ………………………………………………………………………………94
 12.1 振幅変調の復調 …………………………………………………………94
 12.2 周波数変調波の復調 ……………………………………………………97
 12.3 符号誤り率 ………………………………………………………………101
 演習問題 ……………………………………………………………………104
13 無線通信 …………………………………………………………………………105
 13.1 アンテナ …………………………………………………………………105
  (1) 微小ダイポールアンテナ ………………………………………105

(2) 線状アンテナ ……………………………………………107
  　(3) 開口面アンテナ …………………………………………109
 13.2 電波伝搬 ……………………………………………………112
  　(1) 損失媒質による電波の減衰 ……………………………112
  　(2) 平面波の反射と屈折 ……………………………………115
 演習問題 ……………………………………………………………119
14 光ファイバ通信 ……………………………………………………120
 14.1 光の屈折 ……………………………………………………120
 14.2 スラブ導波路の固有値 ……………………………………123
 14.3 グレーデッドインデックスファイバ内の光線の通路 ……127
 14.4 半導体レーザの直接変調 …………………………………132
 14.5 半導体レーザの発振周波数の安定化 ……………………133
 演習問題 ……………………………………………………………138
参考文献 ………………………………………………………………139
演習問題解答 …………………………………………………………140
付録 ……………………………………………………………………160
索引 ……………………………………………………………………163

第1部

基礎

1
Mathematica のはじめ

1.1 Mathematica の起動

 まず，コンピュータを立ち上げてから，画面上の Mathematica のアイコンをクリックするか，Windows のスタートボタンをクリックしプログラムの中から Mathematica を選び，Mathematica 3.0 をクリックすれば数値や式等を入力できるノートブックの画面が現れる．そこで，半角英数字入力モードになっているのを確認し，キーボードから次のように入力してみよう．

```
2+3
```

 それから **Shift** キーを押しながら **Enter** キーを押す．この操作を以後 **Shift+Enter** と表示する．
 するとしばらくして図 1.1 に示すように，画面の 2+3 の左に `In[1]:=` ，下に `Out[1]=5` と表示され以下のようになる．

図 1.1 Mathematica の画面

```
In[1]:= 2+3
Out[1]= 5
```

最初に計算を行うときはこのように多少時間がかかるが，次の計算からは簡単な計算なら即座に答えが出る．

これは最初，Mathematica を立ち上げたときはノートブックインターフェイスのみが起動され，計算を行うカーネルはロードされていないからである．式が入力され計算を行うときカーネルがロードされるのに時間がかかり，カーネルがロードされてから計算を行い，計算結果をノートブックに表示する．

1.2 計算結果の保存と Mathematica の終了

計算結果を保存するには，画面の一番上の**ファイル**（**F**）をクリックすると図 1.2 のような画面が現れるから，この中から別名で保存（英語版では **Save As**）を選び，ファイル名の欄に例えば計算 1 と名付け保存すれば良い．

次回にこのファイルを開くには，**ファイル**（**F**）をクリックしその中の **開く**（**O**）をクリックしてから **計算 1** を開くか，画面のファイル（F）の下にあるファイルを開いている図形をクリックしてから**計算 1** をクリックしファイルを

4　1　*Mathematica* のはじめ

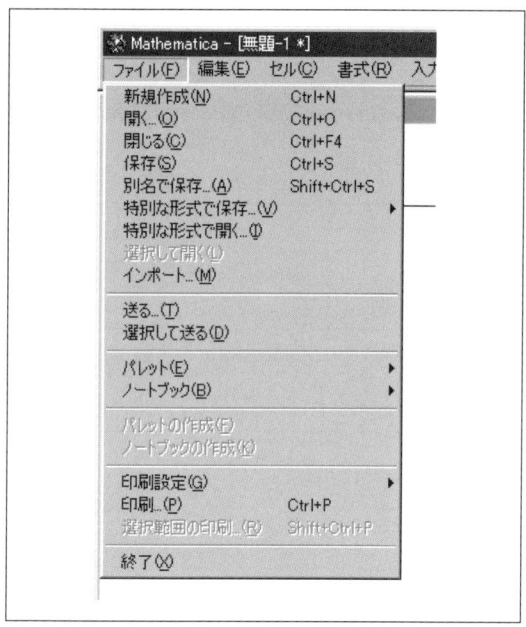

図 1.2　ファイルの画面

開けばよい．

　ここで *Mathematica* を終了する場合は，先のファイル（F）の中から**終了**（**X**），英語版では **Exit** をクリックすれば *Mathematica* は終了する．

2 基本計算

2.1 加減乗除

まず，*Mathematica* に慣れるために簡単な計算を電卓のように行ってみよう．

（1）足し算

足し算（加算）は普通の計算式をそのまま下記のように 5.6 + 3.8 と入力し **Shift** キーを押しながら **Enter** キーを押すと演算が始まる．パソコンの種類によっては **Shift** キーを押しながら **Return** キーを押す．このように2つのキーを操作することを以下は **Shift + Enter** と書くことにする．

Mathematica を立ちあげて最初の演算を行うときは多少時間がかかるが，2回目以降は通常の計算では短時間で結果が表示される．

演算をさせることにより式の左にラベル `In[1]:=` が表示され，また式の下に `Out[1]=9.4` と表示され下記のようになる．

```
In[1]:= 5.6 + 3.8
Out[1]= 9.4
```

（2）引き算（減算）

引き算の例として，8.2−4.6はこの式をそのまま入れ，**Shift＋Enter**とすれば良い．以後の例でも，計算する数値のみキーボードから入れ**Shift＋Enter**とする．

```
In[2]:= 8.2-4.6
Out[2]= 3.6
```

（3）掛け算

掛け算（乗算）記号は＊を用いるか，スペースでも良い．以下に両方を示す．

```
In[3]:= 3.2*5.3
Out[3]=16.96
In[4]:= 3.2 5.3
Out[4]= 16.96
```

（4）割り算

割り算（除算）記号は/を用いる．割り切れる場合には，

```
In[5]:= 8.3/2.5
Out[5]= 3.32
```

となる．分母分子とも整数で割り切れる場合には，

```
In[6]:= 8/2
Out[6]= 4
```

となる．次に割り切れない計算を行って見ると分数のままの答えが出る．

```
In[7]:= 10/3
Out[7]= 10/3
```

さらに，次の二つの計算を行うとどちらも答えが出る．

```
In[8]:= 10.0/3.0
Out[8]= 3.33333
In[9]:= 10./3
Out[9]= 3.33333
```

これは，Mathematica は整数および分数は厳密値として扱われ近似値と区別されるためである．

2.2　べき乗およびべき乗根

次にべき乗の計算をしてみよう．2.5 の 2 乗は **2.5^2** と入力し，**Shift + Enter** とする．

```
In[10]:= 2.5^2
Out[10]= 6.25
```

平方根を求めるのも同様にして行えばよく，6.25 の平方根なら **6.25^0.5** で求まる．

```
In[11]:= 6.25^0.5
Out[11]= 2.5
```

平方根はこのほかに，Sqrt[6.25]でも求まる．Sqrtは組込み関数といわれるもので，この詳細については次の項で記述する．

得られた結果をすぐ次に用いるときには%を用いると便利である．例えば，[11]の計算のすぐ後で%^2とすれば計算結果は次のようになる．

```
In[12] := %^2
Out[12] = 6.25
```

前の方の結果を利用するときは，その計算の項目番号を利用し，[5]の結果を利用するのであれば，%5*2.5とすれば下記のように3.32*2.5の結果が得られる．

```
In[13] := %5*2.5
Out[13] = 8.3
```

2.3 組込み関数

*Mathematica*には多くの組込み関数があり，Sqrt[2.0]のような形をしている．ここでSqrtは平方根を表す組込み関数で[ ]の中は引数と呼ばれ，関数に与えられる数値または定数である．上のSqrt[2.0]を **Shift + Enter** で実行すると，

```
In[1] := Sqrt[2.0]
Out[1] = 1.41421
```

となる．ここで，2.0の代わりに2.としても同様の答がでるが，2を入れると$\sqrt{2}$となる．

2.3 組込み関数

次に数値の代わりに定数を求めて見よう．自然対数の e=2.71828 は **N[E]** を演算して求められ下記のようになる．ここで e は必ず大文字の E とする必要がある．ここで，**N** は近似値を与える組込み関数である．

```
In[2] := N[E]
Out[2] = 2.71828
```

ここで，桁数がもっと必要なときは次のように桁数を指示すればよい．ここでは 20 桁求めるとすると **N[E,20]** とし演算すると下記のようになる．

```
In[3] := N[E,20]
Out[3] = 2.7182818284590452354
```

同様にして，円周率 π を 50 桁求めてみよう．π は **Pi** と表わし結果は，

```
In[4] := N[Pi,50]
Out[4] = 3.1415926535897932384626433832795028841971
         6939937511
```

となる．
 先に 10/3 の計算はそのままでは数値として表されなかったが，組込み関数 **N** を使えば数値で表現できる．すなわち，

```
In[5] := N[10/3]
Out[5] = 3.33333
```

となる．この場合も桁数が必要なら前述の通り桁数を指示する．すなわち，20 桁必要なら下記のようにすればよい．

2 基本計算

```
In[6] := N[10/3,20]
Out[6] = 3.3333333333333333333
```

組込み関数に関する情報を得るには，その関数の先頭に?を付けて入力すれば表示される．以下に例を示す．

```
?Sqrt
```

と入力し，**Shift+Enter** とすれば

```
Sqrt[z] gives the square root of z.
```

となる．

日本語版では，

```
Sqrt[z] は，z の平方根を与える．
```

と表される．

同様にして N の意味を知るには?N として，

```
N[expr] gives the numerical value of expr. N[expr, n]
does computations to n-digit precision.
```

と表現される．

日本語版では，

> N[expr]は式exprの値を数値で与える．N[expr, n]は，可能であればn桁精度で結果を与える．

と表される．

2.4 複素数

電気回路では複素数を扱うことが多い．*Mathematica* は複素数の計算を簡単に行ってくれる有力な手段である．*Mathematica* では電気回路で用いる虚数単位 $j=\sqrt{-1}$ を大文字の I で表す．次に幾つかの複素数の計算例を示そう．まず，虚数単位の平方根は下記のようになる．

```
In[7]:= I^0.5
Out[7]= 0.707107 + 0.707107 I
```

これは，複素平面で j は図 2.1 を参考にして，

$$j = \exp(j\frac{\pi}{2}) \tag{2.1}$$

であるからその平方根は下式のようになることからも理解されよう．

$$\begin{aligned}\sqrt{j} &= \sqrt{\exp(j\frac{\pi}{2})} = \exp(j\frac{\pi}{4}) \\ &= \cos\frac{\pi}{4} + j\sin\frac{\pi}{4} \\ &= 0.707107 + j\,0.707107\end{aligned} \tag{2.2}$$

次に，幾つかの複素数の計算をしてみよう．

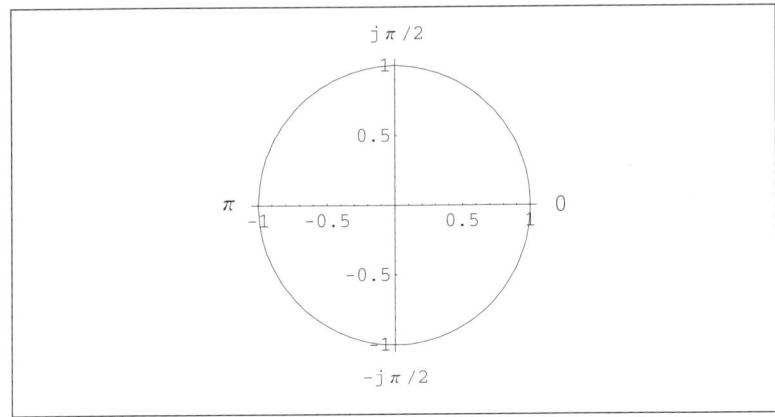

図2.1 複素数の説明

```
In[8]:= (2+3 I)^0.5
Out[8]= 1.67415 + 0.895977 I
```

この計算を組込み関数 Sqrt を使ってこれを行うと,

```
In[9]:= Sqrt[2 + 3 I]
Out[9]= √(2 + 3 I)
```

となり数値が求まらない．これは引数が整数であるため，組込み関数を使い引数が整数の場合に数値を出すには更に組込み関数 N を使って，

```
In[10]:= N[Sqrt[2 + 3 I]]
Out[10]= 1.67415 + 0.895977 I
```

とする．あるいは，引数に小数点を付加して，

2.4 複素数

```
In[11]:= Sqrt[2.+3.I]
Out[11]= 1.67415+0.895977 I
```

とすればよい．
　上記の数を 2 乗すればもとの数値に戻るはずであるから `%^2` の計算を行う．

```
In[12]:= %^2
Out[12]= 2.+3. I
```

これでもとの数値になることが確認できた．
　複素数を z とし，

```
z = 4 + 3 I
```

とすると複素数の実部と虚部はそれぞれ `Re` および `Im` で求められる．

```
In[13]:= {Re[z],Im[z]}
Out[13]= {4, 3}
```

z の絶対値と偏角はそれぞれ `Abs` と `Arg` で求められる．

```
In[14]:= {Abs[z],Arg[z]}
Out[14]={5, ArcTan[3/4] }
```

偏角を数値で求めるには組込み関数 `N` を使い，

```
In[15]:=N[{Abs[z],Arg[z]}]
Out[15]={5., 0.643501}
```

とすればよい．すなわち，絶対値は 5，偏角は 0.643501 rad（ラジアン）である．

2.5 シンボルの計算

シンボルは小文字の英字または先頭に数字を含まない小文字の英字と数字で構成される．例えば，x, y, z はそれぞれ独立なシンボルである．y1, y2, y3 もそれぞれシンボルとして用いられる．ただし，英字の間を空けると掛け算の意味になる．例えば，cd は一つのシンボルであるが，c d とすると c と d の積の意味になるので注意を要する．また，2 y の様に数字のあとに英字が来ると空白が無くても積の意味になり y の 2 倍を意味する．
以下に例を示す．

```
In[16]:=2a+3c+4d-3a-c+3d
Out[16]=-a + 2 c + 7 d
```

次に式の展開をしてみよう．ここでは組込み関数 **Expand** を使用する．

```
In[17]:= Expand[(2+3 x)(5+6 x)(7+2 x)]
Out[17]= 70 + 209 x + 180 x^2 + 36 x^3
```

シンボル例えば y1 や y2 に与えられた値は保持されているのでこれをキャンセルするには次のように入力すればよい．

2.5 シンボルの計算

```
Clear[y1,y2]
```

次に少し複雑な計算をするため，下記のように式を置いて計算を行う．

```
f[x_] = x
```

ここで上の式は右辺の x で左辺を定義している．x の後のアンダーラインは x が単なる文字ではなく，変数であることを表している．今 x を 1 から n までの和を求めるのなら，

```
Sum[f[x],{x,1,n}]
```

として，

$$\frac{1}{2} n(1+n)$$

を得る．もっと複雑な x^6 の和を求めるときには，

```
Sum[x^6,{x,1,n}]
```

とすればその答は，

$$\frac{1}{42} n(1+n)(1+2n)(1-3n+6n^3+3n^4)$$

となり，和の公式が容易に求められる．数値を求めるのであれば n に数値を代入すれば結果が求まる．

2.6 簡単な図形の描き方

図形の描き方はあとの章で詳しく述べるが，ここではごく簡単に図形を描く方法を述べておく．簡単な式として $y = \sin x$ の x が 0 と 2π の範囲を描く．

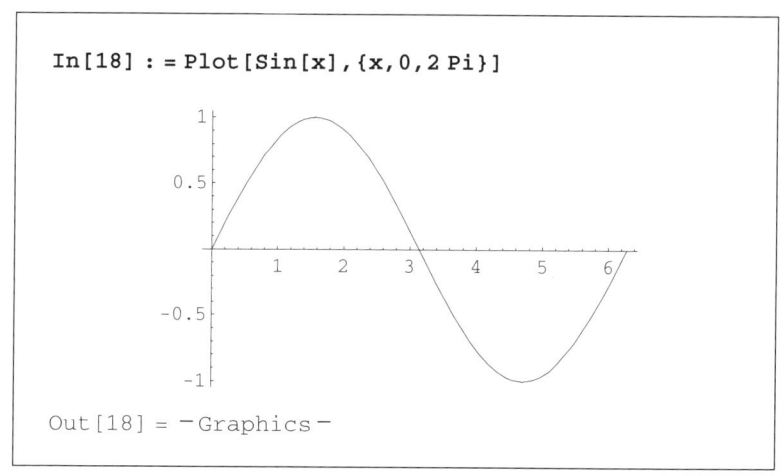

図 2.2　正弦波

`In[18]` の式の中の `Plot` は図形を描く記号で P は大文字，`Sin` の S も大文字である．`{ }` の中は変数の範囲を示すもので，この例では x を 0 から 2π まで変えて sin 波形を描くことを示している．ここで，`Out[18]=` と `-Graphics-` を表示しないようにするには `Plot[Sin[x],{x,0,2 Pi}];` のように式の最後にセミコロン ; をつければよい．

2.7 パッケージ

Mathematica には通常使う組込み関数以外にも多くの特殊な関数が定義されており，必要に応じてパッケージをロードすればその関数を使って複雑な計算や描画も容易に行うことができる．

2.7 パッケージ

　簡単な例として，f(x,y)=0のようないわゆる陰関数の形で与えられた関数の曲線を描くにはパッケージを開く必要がある．ここで必要な機能は，**Graphics**フォルダの中の**ImplicitPlot**というパッケージに入っている．そこで，これを開くには**<<Graphics`ImplicitPlot`**と入れた後，**Enter**キーを押せばこのパッケージを開くことができる．ここで，(`)はバッククォートと呼ばれるもので普通のクォート(')では無いので注意を要する．さて具体的な例として下式で表される円を描いてみよう．

$$(x-3)^2 + (y-5)^2 = 4 \tag{2.3}$$

この式(2.3)の表す意味は円の中心が $x=3$, $y=5$ で半径2の円を表している．この円を描くには次のようにしてパッケージを開いて用いる．

```
<<Graphics`ImplicitPlot`
ImplicitPlot[(x-3)^2+(y-5)^2 = 4,{x,0,10}]
```

すると図2.3のように円を描くことができる．

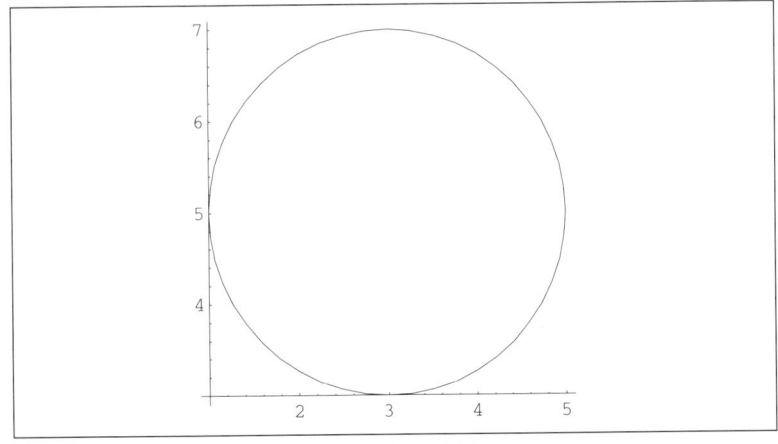

図2.3　円の作図

　この他に，*Mathematica*には非常に多くのパッケージがあるのでそのうちの幾つかを後の章で述べる．

演習問題

2.1 次の計算値を求めよ．（厳密解のときは近似値を求めよ）
 (1) $5 \times (3.6 + 2.7) + 2.3$
 (2) $20 \times (2.2^3 + 5) / 3$
 (3) $\sqrt[3]{2+3}$
 (4) $1/2 + 1/3$

2.2 半径 $5\,\mathrm{cm}$ の円の面積を 10 桁求めよ．

2.3 次の複素数の計算を求めよ．
 (1) $(3 + j4)(5 - j6)$
 (2) $(3 + j4)/(5 - j6)$

2.4 複素数 $6 + j8$ の絶対値と偏角を求めよ．

2.5 次の楕円を描け．長半径 3，短半径 2，楕円の中心 $(2, 3)$

2.6 $\cos x$ の x が 0 から 4π までの範囲の図を描け．

3

代数計算

3.1 因数分解

因数分解を行うには組込み関数 Factor を用いて行う．

```
In[1]:=Factor[36 x^3+180 x^2+209 x+70]
Out[1]=(7 + 2 x)(2 + 3 x)(5 + 6 x)
```

上のように相当複雑な式でも簡単に因数分解を行うことができる．
因数分解できない式を入れると下記のようにもとの式がそのまま返される．

```
In[2]:=Factor[36 x^3+180 x^2+209 x+60]
Out[2] 60 + 209 x + 180 x^2 + 36 x^3
```

3.2 部分分数

部分分数に展開する組込み関数は `Apart` である．以下に例を示す．

```
In[3]:=Apart[1/(x^3-1)]
```
$$\text{Out}[3] = \frac{1}{3(-1+x)} + \frac{-2-x}{3(1+x+x^2)}$$

3.3 方程式の解法

（1）因数分解可能な場合

代数方程式の解は組込み関数 `Solve` を使い求められる．以下に例を示す．方程式は，因数分解のところで用いた式を使うことにする．

```
In[4]:=Solve[36 x^3+180 x^2+209 x+70==0,x]
```
$$\text{Out}[4] = \left\{ \left\{ x \to -(\frac{7}{2}) \right\}, \left\{ x \to -(\frac{5}{6}) \right\}, \left\{ x \to -(\frac{2}{3}) \right\} \right\}$$

すなわち，この式は因数分解出来るので答えは上のようになる．ここで用いた記号==は左辺と右辺が等しいことを意味し，方程式における等号を表す．これに対し，記号=は右辺を左辺に割り当てるときなどに用いる．

（2）数値解

前項の方法で，厳密解を求めることができない方程式の場合は，組込み関数 `Nsolve` を使い近似解を求めることができる．（1）の因数分解可能な関数の解を `Nsolve` を使って解くと次のようになる．

```
In[5]:=NSolve[36 x^3+180 x^2+209 x+70==0,x]
Out[5]={{x->-3.5},{x->-0.833333},{x->-0.666667}}
```

すなわち，解は分数でなく小数で表され近似解として求められる．次に，前項では因数分解できず解けなかった式を **Nsolve** を使い解くと次のように求められる．

```
In[6]:=NSolve[36 x^3+180 x^2+209 x+60==0,x]
Out[6]={{x->-3.4622},{x->-1.10028},{x->-0.437514}}
```

以上のことから数式の解を求めるのが目的なら **Nsolve** を使って式を解くのがよい．

(3) 一般式の解

関数 $y=\sin x$ と $y=0.5 x$ の交点を求めてみよう．今までの方法で解くと

```
In[7]:=NSolve[Sin[x]-0.5 x==0,x]
solve::"tdep":
 "方程式に本質的に非代数的な変数の超越関数が含まれている
    可能性があります."
Out[7]=NSolve[-0.5 x + Sin[x] == 0, x]
```

となり解くことができない．そこで，この二つの関数のグラフを描くと，

3 代数計算

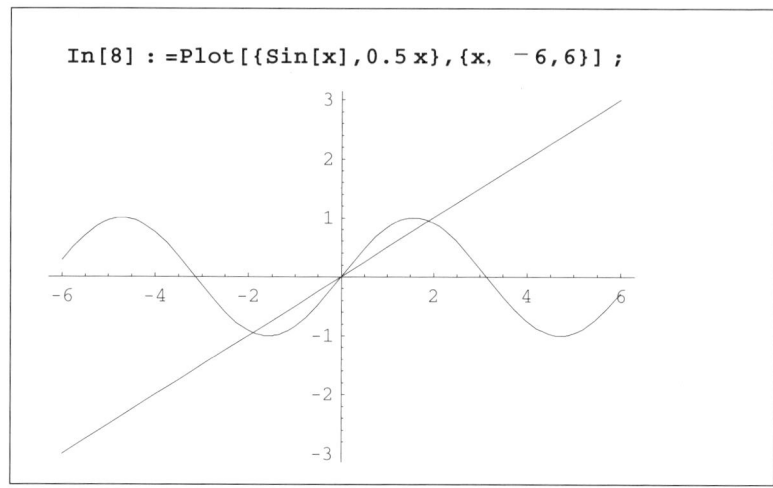

図3.1 二つの関数の交点

となる．この図から交点が3ヵ所あり，解が3個あることがわかる．このような式の解き方は **FindRoot** を用い，あらかじめ図上で解の近似値を求めておき解くのがよい．その解き方を下記に示す．図から解が3ヵ所あり，その概略の値が，$-2, 0, 2$ であるので，その値を入れて解を求めると以下の3個の解が求められる．

最初，-2 の付近の解を求めると，

```
In[8]:=FindRoot[Sin[x]-0.5 x==0,{x,-2}]
Out[8]={x->-1.89549}
```

となり，解は -1.89549 となる．

次に0の付近の解を求めると以下のように0となる．

```
In[9]:=FindRoot[Sin[x]-0.5 x==0,{x,0}]
Out[9]={x->0.}
```

最後に，2の付近の解を求めると，

```
In[10]:=FindRoot[Sin[x]-0.5x==0,{x,2}]
Out[10]={x->1.89549}
```

となり，解は1.89549が得られる．

3.4 線形連立方程式

(1) 連立方程式

線形連立方程式は，SolveまたはNsolveで解くことができる．以下にその例を示す．線形連立方程式を普通の数学記号で表すと以下のようになる．

$$\begin{cases} 2x+6y-4z=2 \\ 6x-2y-2z=16 \\ 2x-4y+2z=6 \end{cases}$$

これを解くと，

```
In[11]:=Solve[{2x+6y-4z==2,6x-2y-2z==
        16,2x-4y+2z==6},{x,y,z}]
Out[11]={{x->2, y->-1, z->-1}}
```

のようになり，答えは$x=2$, $y=-1$, $z=-1$となる．

次の方程式をNsolveを用いて解くと以下に示すように答えが求められる．

```
In[12]:=NSolve[{2x+6y-3z==2,6x-2y-2z==3,
        2x-3y+2z==5},{x,y,z}]
Out[12]={{x->1.60811, y->0.972973, z->2.35135}}
```

上の例で，`Nsolve`の代わりに`Solve`を用いると答えが分数で表示される．

(2) ベクトル

ベクトルはリストとして表示する．ベクトル V と X をそれぞれ次のように定義して演算してみよう．ここで使う大文字は組込み関数に使われていない文字であることが必要である．組込み関数に使われているかどうかは?Vの様にして確かめればよい．その結果は，

```
?V
Information::"notfound":
シンボル V が見つかりません
```

と表示され，組込み関数に使われてないことが分かる．

次に，組込み関数に使われている大文字 D について調べてみると，

```
?D
```

```
"D[f,x]は f の x について偏微分係数を与える．D[f,
    {x,n}]は x について f の n 次の偏微分係数を与える．D[f,
    x1,x2…]は，混合微分係数を与える．"
```

となり，後で述べる微分記号に使われていることが分かる．ここで，

```
V={3,5,7}; X={x,y,z};
```

として以下に幾つかの計算例を挙げる．

定数を加えると各要素に加わる．

```
In[13]:=V+a
Out[13]={3 + a, 5 + a, 7 + a}
```

定数を掛けると各要素に掛けることになる．

```
In[14]:=a V
Out[14]={3 a, 5 a, 7 a}
```

長さの等しいリストの掛け算はそれぞれ対応する要素の掛け算になる．

```
In[15]:=V X
Out[15]:={3 x, 5 y, 7 z}
```

スペースのかわりに（．）（ピリオド）を用いると各要素の積の和になる．

```
In[16]:=V.X
Out[16]:=3 x + 5 y + 7 z
```

(3) 行 列

行列は，同じ長さのリストで構成されるリストで表される．その例を以下に示す．

```
In[17]:=M={{2,6,-4},{2,-4,-2},{6,-2,-2}};
        M//MatrixForm
Out[17]//MatrixForm=
        2    6    -4
```

$$\begin{pmatrix} 2 & -4 & -2 \\ 6 & -2 & -2 \end{pmatrix}$$

次に行列式を求めてみよう．行列式は `Det` で求められるから以下のようになる．

```
In[18]:=Det[M]
Out[18]=-120
```

行列の掛け算は通常の数学的な表現では，

  (M)(X) = (V)

で表され，前述の数値を入れて表現すれば下記のようになる．

$$\begin{pmatrix} 2 & 6 & -4 \\ 2 & -4 & -2 \\ 6 & -2 & -2 \end{pmatrix} \begin{pmatrix} x \\ y \\ z \end{pmatrix} = \begin{pmatrix} 3 \\ 5 \\ 7 \end{pmatrix}$$

この操作をするには（ . ）（ピリオド）を用いる．すなわち下記のようにすればよい．

```
In[19]:=M.X==V
Out[19]={2 x+6 y-4 z, 2 x-4 y-2 z, 6 x-2 y-2 z}==
        {3, 5, 7}
```

行列をそのままの形で解くには `LinearSolve` を使って次のように解けばよい．

```
In[20]:=LinearSolve[M,V]
```
Out[20]= $\left\{ \dfrac{7}{10}, -(\dfrac{2}{5}), -1 \right\}$

演習問題

3.1　$x^3 - 39x - 70$ を因数分解せよ．

3.2　$\dfrac{5x+6}{(2x+1)(3x+5)}$ を部分分数に展開せよ．

3.3　$y = ax^2 + bx + c = 0$ の解を求めよ．

3.4　$y = \exp\{-(x-1)^2\}$ と $y = 0.4$ の交点の，x 軸の値を求めよ．

3.5　連立方程式 $2x + 6y - 4z = 3$, $2x - 4y - 2z = 5$, $6x - 2y - 2z = 7$ の解を `Solve` および `NSolve` を用いて解け．

4
微　分

　関数 $y=f(x)$ の導関数 $f'(x)$ は組込み関数 D を用いて，D[y,x] のようにして求められる．例えば，$y=x^n$ であれば下式のようになる．

```
In[1]:=D[x^n,x]
Out[1]=n x^(-1+n)
```

　いま x に関する 3 階の導関数 $f'''(x)$ を求めるには，変数と階数をリストにして下式のようにすればよい．

```
In[2]:=D[x^n,{x,3}]
Out[2]=(-2+n)(-1+n) n x^(-3+n)
```

　次に関数 $f(x,y)$ の x に関する偏微分 $\dfrac{\partial f}{\partial x}$ を求めるには，

```
D[f(x, y), x]
```

で求められる．また，関数 $f(x,y)$ の x および y に関する偏微分 $\dfrac{\partial^2 f}{\partial x \partial y}$ は，

```
D[f(x, y), x, y]
```

で計算できる．具体的例を以下に示す．x^4+y^2 の x に関する 3 次偏微分は，

```
In[3]:=D[x^4+y^2,{x,3}]
Out[3]=24 x
```

となる．x^2y^3 の x および y に関する偏微分は，

```
In[4]:=D[x^2 y^3, x, y]
Out[4]=6 x y^2
```

演習問題

4.1 $x^2 \sin x$ を x で微分せよ．

4.2 $\sin(x \sin y)$ を x および y で変微分（$\partial^2/\partial x \partial y$）せよ．

4.3 $\ln(\sin xy)$ を x および y で変微分（$\partial^2/\partial x \partial y$）せよ．

5

積 分

5.1 不定積分

x の関数 $y = f(x)$ の不定積分は関数 Integrate を用いて Integrate[y,x] として求められる．具体的には下記のようになる．

```
In[1]:=Integrate[x^n,x]
```
$$\mathrm{Out}[1] = \frac{x^{1+n}}{1+n}$$

三角関数の例では cos を積分して下記のようになる．

```
In[2]:=Integrate[Cos[x],x]
Out[2]=Sin[x]
```

上記の計算は簡単な結果が得られたが，一般には積分で得られる式は複雑である．

5.2 定積分

定積分は，積分変数の次に積分範囲をリストとして指定する．例えば，sin$x$ を 0 から π まで積分するのであれば下記のようにする．

```
In[3]:=Integrate[Sin[x],{x,0,Pi}]
Out[3]=2
```

積分範囲は特に制限は無く無限大でもよい．例えば，ガウス分布曲線を負の無限大から，正の無限大まで積分すれば 1 になることはよく知られているので，この積分を行ってみよう．式の中の a は分散を表している．

```
In[4]:= Integrate[1/((2 Pi)^0.5 a)Exp[-(x^2)/
        (2 a^2)],{x,-Infinity,Infinity}]
```
$$\text{Out[4]}:= \text{If}[\text{Re}[a^2]>0,\ \frac{1.`\sqrt{a^2}}{a},\ \int_{-\infty}^{\infty}\frac{0.398942\,E^{-\frac{x^2}{2a^2}}}{a}dx]$$

計算結果の[4]は 1 であり，積分は 1 であることが証明された．

演習問題

5.1 次の不定積分を求めよ．
 (1) $1/x$
 (2) $\exp(x)$
 (3) $x/(x^4-1)$
 (4) $\exp(-x^2)$

5.2 次の定積分を求めよ．

(1) $\displaystyle\int_0^\pi \sin x\,dx$

(2) $\displaystyle\int_0^\infty \frac{\sin x}{x}\,dx$

(3) $\displaystyle\int_0^1 \frac{1}{\sqrt{x(1-x)}}\,dx$

(4) $\displaystyle\int_0^\infty e^{-ax}\sin bx\,dx \quad (a>0)$

5.3 振幅 10 V の正弦波電圧の実効値を求めよ．

6

グラフの描き方

6.1 二つの関数の同時描画

二つの関数例えば sin*x* と cos*x* を一つの図の中に 0 から 2π まで描く方法は次のようにする．ここで，Plot の中の y1, y2 の代わりに直接 Sin[x], Cos[x] としてもよい．

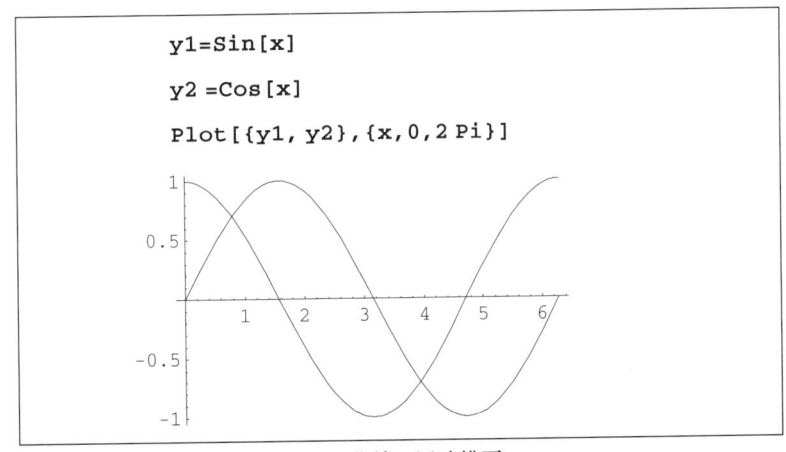

```
y1=Sin[x]
y2 =Cos[x]
Plot[{y1,y2},{x,0,2 Pi}]
```

図 6.1　二つの曲線の同時描画

6.2 線種の指定

(1) 点線と破線

一つの図に二つ以上の曲線を描くと,その区別がないと複雑な曲線の場合にはどちらか分から無くなる.ここでは,線を点線,破線等で表す方法を述べる.まず,sin の方を点線にし,cos の方を破線で示す.破線で示す方法は Dashing{r_1, r_2, r_3, ・・・ r_n }を用いて指定する.Dashing の中には数値をいくつ入れてもよく,一つのときは線と空白とを同じ長さで繰り返す.線の長さは図の横軸の大きさとの比である.具体的には次のようにする.

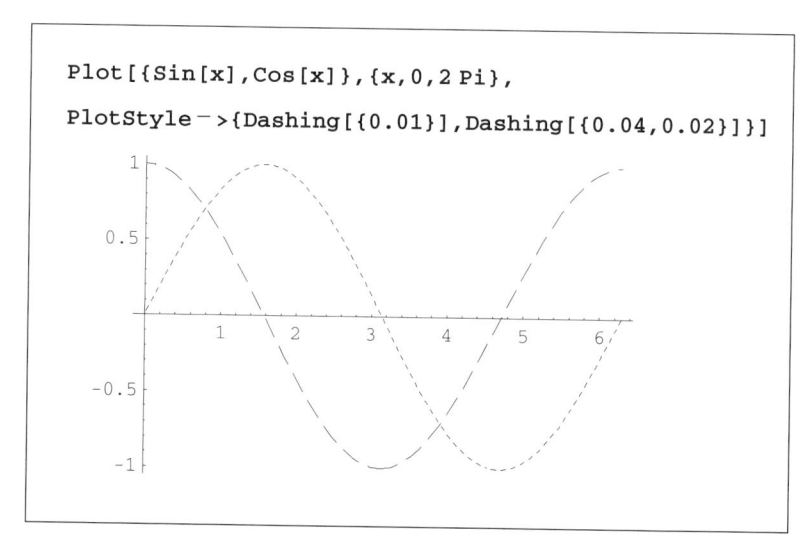

```
Plot[{Sin[x],Cos[x]},{x,0,2 Pi},
PlotStyle->{Dashing[{0.01}],Dashing[{0.04,0.02}]}]
```

図6.2 線の種類を変えて描く

(2) 線の太さ

線の太さを変えて描くには Thickness[r_n]を用いる.r_n は図の横幅に対する割合である.具体的には次のようにすると,cos$x$ の線の太さは sin$x$ の線の太さの2倍に表される.

6.2 線種の指定 **35**

```
Plot[{Sin[x],Cos[x]},{x,0,2 Pi},PlotStyle->
{Thickness[0.005],Thickness[0.01]}]
```

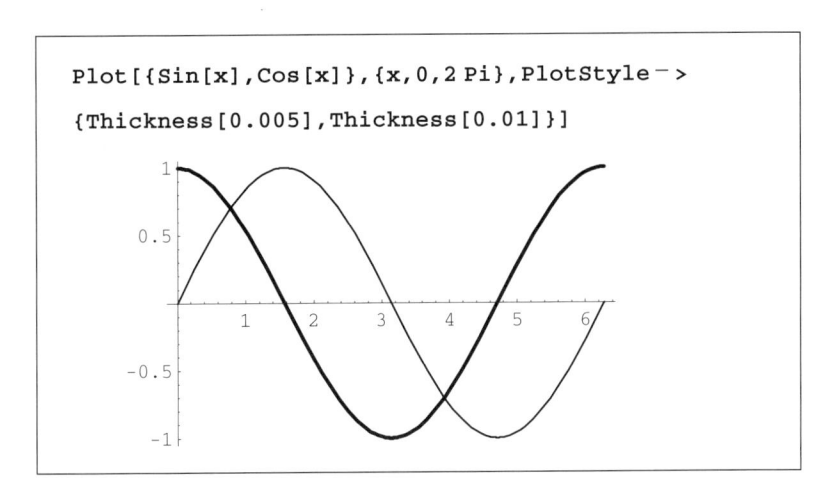

6.3 線の太さの区別

(3) 線の色

線に色をつけて区別してみよう.

線に色をつけるには Hue[t_n] を用いて表すのが簡単である. t_n の値は 0 から 1 までの数値で, 0 が赤, 0.4 が青であるが実際の色は数値を入れて確認されたい.

```
Plot[{Sin[x],Cos[x]},{x,0,2 Pi},PlotStyle->
{Hue[0.0],Hue[0.6]}]
```

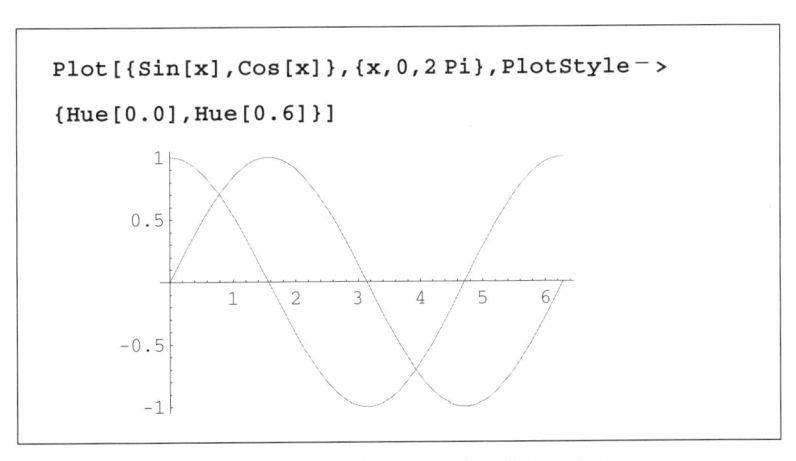

図 6.4 色で区別. (sin は赤, cos は青で表される.)

（4）線の濃淡

カラーが使えないような場合に，線の濃淡で区別するのも便利な方法である．ただし，普通の線の太さでは濃淡がはっきり出ないので線を太くして表現する必要がある．以下に例を示す．濃淡は GrayLevel[r_n] で表し，r_n が 0 のとき黒，1 に近づくにしたがい淡くなる．

```
Plot[{Sin[x],Cos[x]},{x,0,2 Pi},
 PlotStyle->{{GrayLevel[0.6],Thickness[0.05]},
             {GrayLevel[0.2],Thickness[0.02]}}]
```

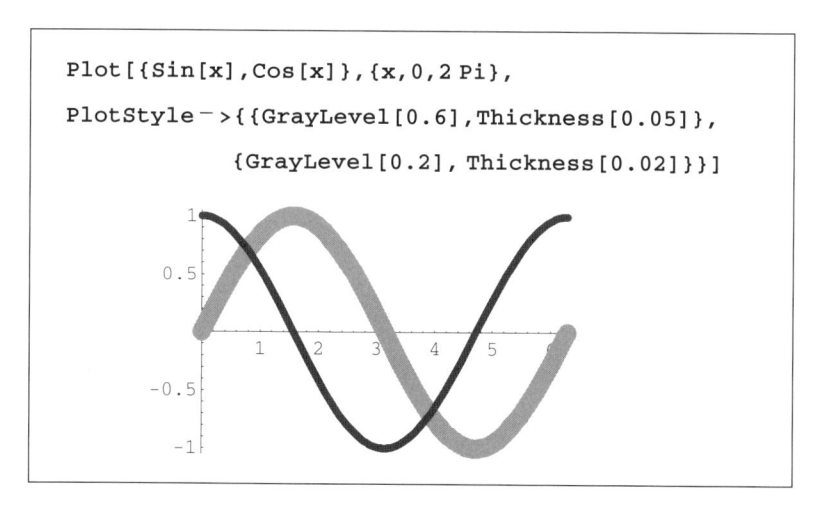

図 6.5　線の濃淡

上に示したように，PlotStyle の中に多くの命令文を入れるときは全体を{ }でくくる．さらに二つのカーブがあり，その各々を別の濃淡に指定するときは括弧の中をさらに括弧でくくる．一つのカーブについて幾つかの指定（上の例では濃淡と線の太さ）をするときは括弧の中をコンマで区切る．

6.3　描画範囲の指定

今までの例では，画面の表示範囲の指定なしに全範囲が表示されたが，関数によっては一部分が欠けて表示されることがある．この場合に表示範囲を指定する方法を以下に述べる．例として，通信関係でよく出てくる $\sin x/x$ を描かせてみ

よう．下の g1 に示すように x の範囲を -20 から 20 までにすると図 6.6(a) に示すように上の方が欠けて表示される．これを図 6.6(b) に示すよう縦軸を -5 から 2 まで表示させるには g2 に示すように PlotRange で表示範囲を指定する．

3 行目の Show の式は g1 と g2 を並べて表示するコマンドである．

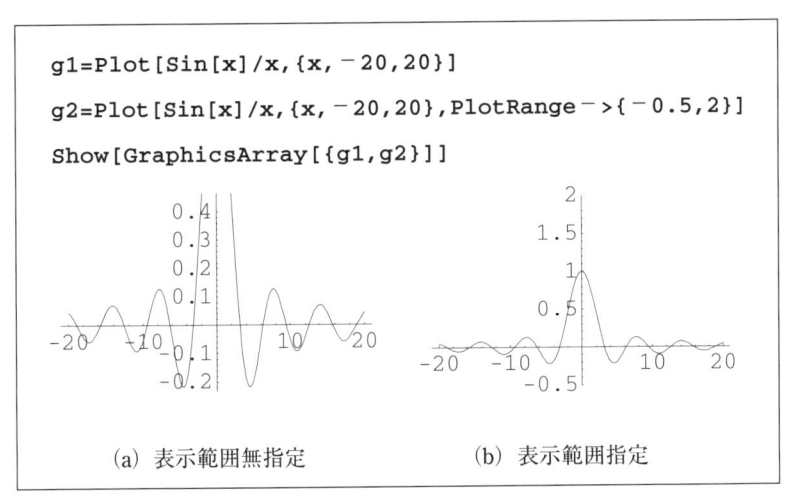

```
g1=Plot[Sin[x]/x,{x,-20,20}]
g2=Plot[Sin[x]/x,{x,-20,20},PlotRange->{-0.5,2}]
Show[GraphicsArray[{g1,g2}]]
```

(a) 表示範囲無指定　　(b) 表示範囲指定

図 6.6　Sin[x]/x のグラフ

6.4　グラフの枠

今までのグラフに座標軸と枠をつけてみよう．座標軸を自動的に付けるのは GridLines->Automatic で，枠を付けるのは Frame->True である．

```
Plot[{Sin[x],Cos[x]},{x,0,2 Pi},
PlotStyle->{Dashing[{0.01}],Dashing[{0.04,0.02}]},
        GridLines->Automatic,Frame->True]
```

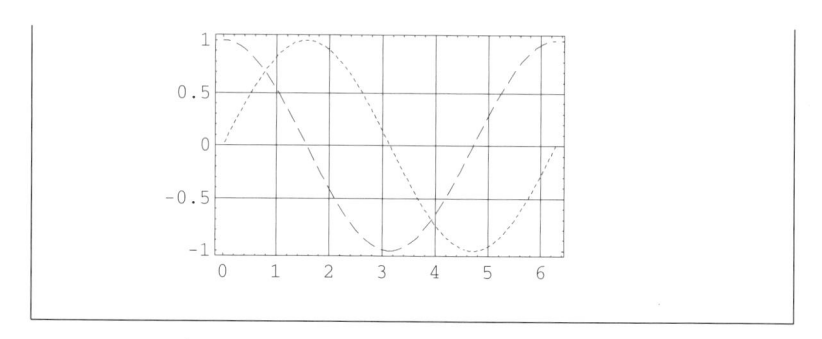

図 6.7 座標軸を入れた図

6.5 フレームラベル

グラフを完成させるには，縦軸，横軸に説明を入れる必要がある．これは FrameLabel を用いて以下のようにする．

```
Plot[{Sin[x],Cos[x]},{x,0,2 Pi},
PlotStyle->{Dashing[{0.01}],Dashing[{0.04,0.02}]},
GridLines->Automatic,Frame->True,
FrameLabel->{"Angle(rad)","Amplitude(volt)"}]
```

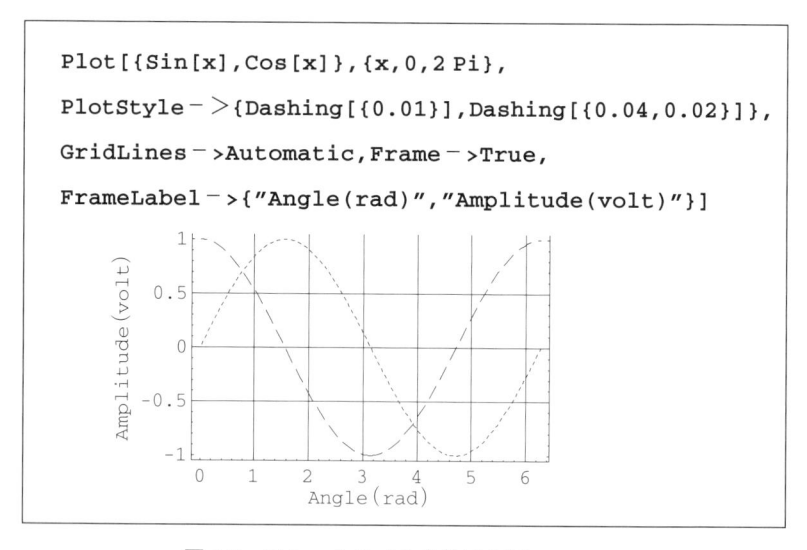

図 6.8 フレームラベルを付けた図

6.6 座標軸の変更

(1) 軸の交点

章 6.3 に述べた例で軸の交点を指定しない場合には x 軸が -20 から 20 までのときは，y 軸の位置が中央の $x=0$ の位置にきている．中央から左端に移すには軸の交点を指定すればよく，**AxesOrigin** を用い下記の **g3** に示すように $x=-10, y=0$ が交点になるように指定すればよい．

```
g3=Plot[Sin[x]/x,{x,-10,10},AxesOrigin->{-10,0}]
```

(2) 補助線

座標に指定した補助線を入れるには，**GridLines** の中の **Range** を指定する．この例では，x 軸は -10 から 10 まで 5 間隔で，y 軸は -2 から 1 まで 0.2 間隔で補助線を入れることを指定している．これら **g3**，**g4** の結果のグラフを並べて図 6.9 (a) および図 6.9 (b) に示す．

```
g3=Plot[Sin[x]/x,{x,-10,10},AxesOrigin->{-10,0}]
g4=Plot[Sin[x]/x,{x,-10,10},AxesOrigin->{-10,0},
GridLines->{Range[-10,10,5],Range[-2,1,0.2]}]
Show[GraphicsArray[{g3,g4}]]
```

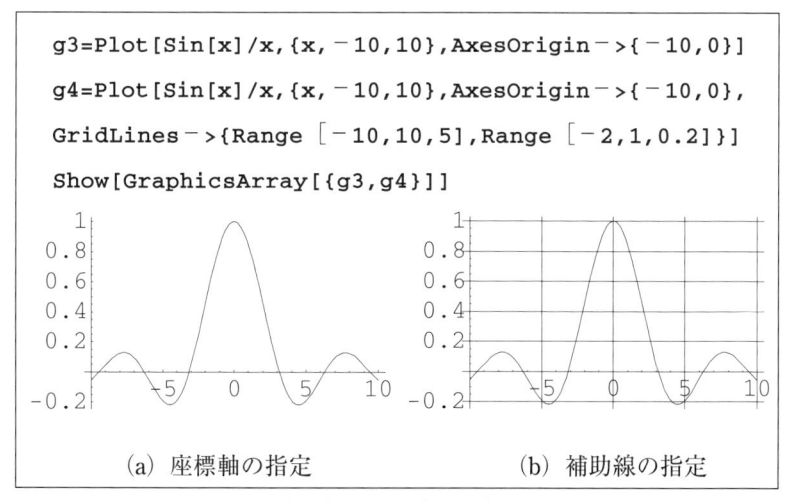

(a) 座標軸の指定　　　　(b) 補助線の指定

図 6.9　座標軸と補助線の指定

6.7 対数表示

今までのグラフは，x 軸，y 軸とも均等な目盛りを使用していた．しかし，通信関係では，縦軸又は横軸を対数表示したり，あるいは縦軸横軸とも対数表示することがある．対数表示をするには今までと異なり，新しく Mathematica に入っている関数を呼び出してから演算を始める必要がある．対数表示の関数は Graphics フォルダの中の Graphics というパッケージに入っているのでこれを下記のように呼び出して使用する．

（1）片対数表示（横軸線形，縦軸対数）

$y = x^2$ のグラフを描く方法を以下に示す．x の範囲は 1 から 100 でこれに対する y の値を対数表示している．片対数表示をするには以下のように LinearLogPlot を用いる．

```
<<Graphics`Graphics`
LinearLogPlot[x^2,{x,1,100},
GridLines->Automatic,Frame->True]
```

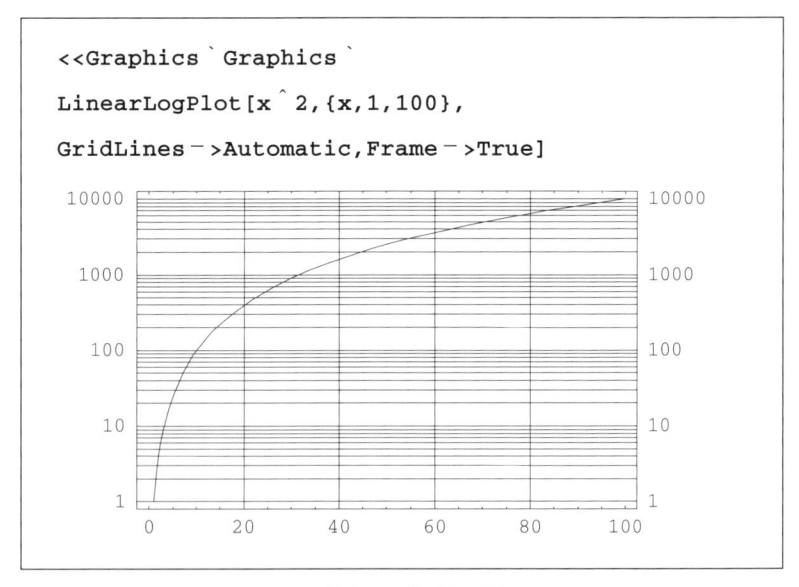

図 6.10　片対数表示（縦軸対数）

（2）逆片対数表示（横軸対数，縦軸線形）

$y = \sqrt{x}$ のグラフを x の 0.1 から 1000 まで計算した結果を以下に示す．逆片対数表示をするには `LogLinearPlot` を用いる．

```
<<Graphics`Graphics`
LogLinearPlot[x^0.5,{x,0.1,1000},
GridLines->Automatic,Frame->True]
```

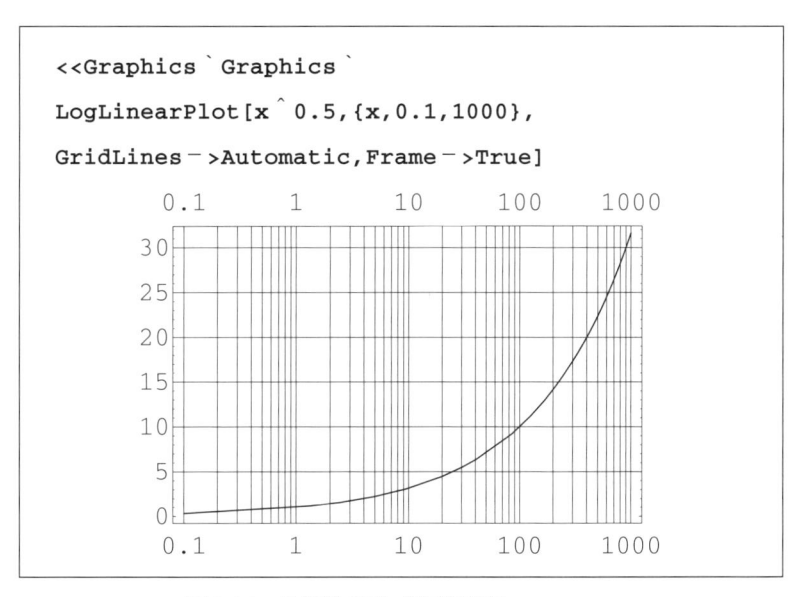

図 6.11　片対数表示（横軸対数）

（3）両対数表示（縦軸，横軸とも対数）

両対数表示を行うには，`LogLog` を用いて下記のようにする．

```
<<Graphics`Graphics`
LogLogPlot[x^0.5,{x,1,1000},GridLines->Automatic,
Frame->True,PlotRange->All]
```

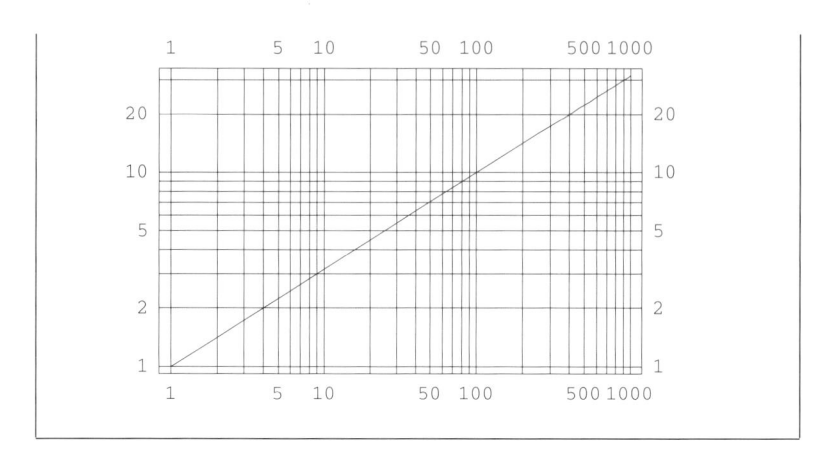

図 6.12 両対数表示

6.8 棒グラフ

例として,$y=x^2$ の値を棒グラフで示してみよう.まず,`Table` で数値を求め,それを `Barchart` で棒グラフにして表す.(ここでは,ディスプレイには赤で棒が表される.)

```
<<Graphics`Graphics`
y=x^2
p1=Table[y,{x,1,10}]
BarChart[p1,GridLines->Automatic,Frame->True]
```

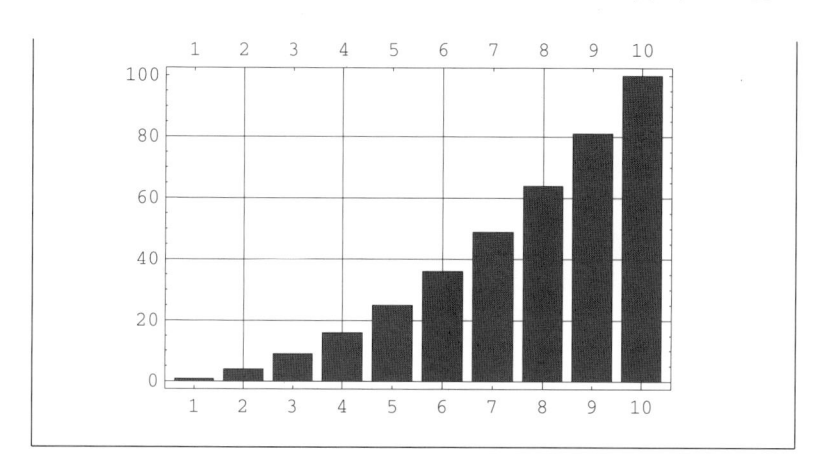

図 6.13 棒グラフ

棒グラフの横軸の数値の設定方法については，章 11.2(3) に述べてあるので参照されたい．

6.9 円グラフ

円グラフを描くには `PieChart` で表す．先ほどの棒グラフと同じ内容を円グラフで表すと下記のようになる．円グラフはカラーで表示される．

```
<<Graphics`Graphics`
y=x^2
p1=Table[y,{x,1,10}]
PieChart[p1]
```

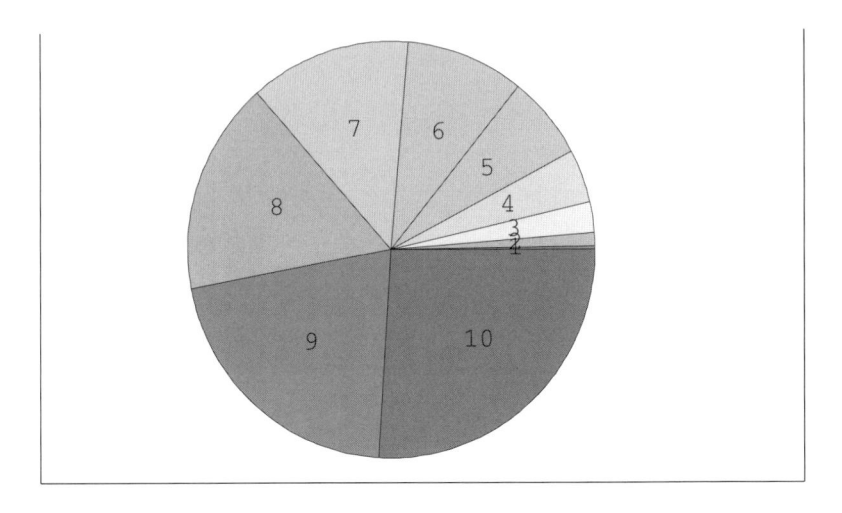

図6.14　円グラフ

演習問題

6.1　$\sin x$ と $\cos x$ を 0 から 2π まで同じグラフに描き，$\sin x$ を点線，$\cos x$ を一点鎖線で示せ．

6.2　$\sin x$ と $\cos x$ を 0 から 2π まで同じグラフに描き，$\sin x$ を太く淡い破線で，$\cos x$ を細い破線で示せ．

6.3　$y = \tan x$ を 0 から 2π まで描き，y 軸を -10 から 10 までの範囲表示せよ．

6.4　両対数表示で $y = x^2$ および $y = x^3$ を x の範囲 1 から 100 まで描き，それぞれを点線と破線で示せ．

7

式の数値表示とグラフ

7.1 式の数値表示

　式を計算し，その結果を表示すると共にグラフに表してみる．まず，例として $y=x^2$ を求めてみよう．まず，y で式を定義し，t で2乗の計算を $x=0$ から10まで1おきに計算する．t の式の中の最後の1が計算間隔を示している．ただし，間隔1のときは数字1は無くてもよい（そのときは1の前のコンマも省略）．

```
y=x^2
t=Table[{x,y},{x,0,10,1}]
{{0,0},{1,1},{2,4},{3,9},{4,16},{5,25}
{6,36},{7,49},{8,64},{9,81},{10,100}}
```

その結果，上に示すように x に対する y の値が表示される．

7.2 計算点のグラフ表示

次に，計算結果を `ListPlot` でグラフ上に点で表示する．点は小さいと見えないので `PointSize` で大きくし，表示した結果を図 7.1 に示す．

```
ListPlot[t,PlotStyle->PointSize[0.02]]
```

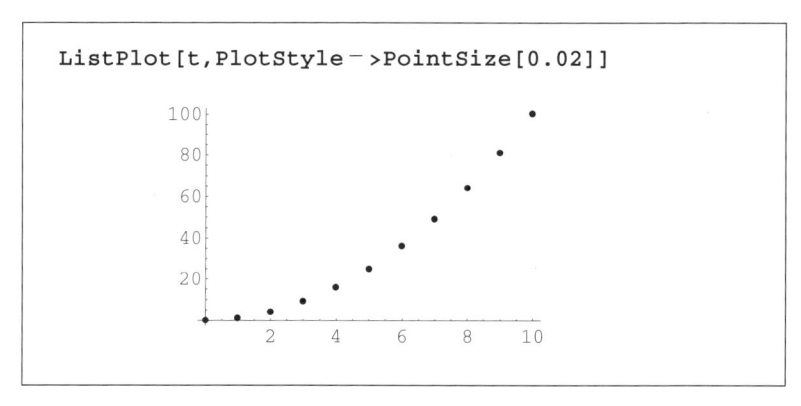

図 7.1　2 乗の値とそのプロット

計算点を線で結ぶ方法等は次の章を参照されたい．

演習問題

7.1　$y=\sqrt{x}$ の値を x の 0 から 5 まで 0.5 おきに計算し，その点をプロットせよ．

7.2　$y=x^2$ の値を x の 1 から 11 まで 2 おきに計算し，その点を両対数グラフにプロットせよ．

8
測定点の表示

8.1 測定点のグラフ化

　測定点をグラフ上に点で示し，その点を折れ線で結んでみよう．まず測定点を t1 で表す．次に，前項と同じように s1 で点を表示し，さらに s2 の **PlotJoined ->True** で折れ線を表示し，この 2 つのグラフを **Show** を用いて重ねて表示する．この場合，3 つのグラフが表示されるが，ここでは最後の結果のグラフのみを示す．

```
t1={{0,0.01},{2.3,3.5},{4.1,4.5},{6,8.5}}
s1=ListPlot[t1,PlotStyle->PointSize[0.02]]
s2=ListPlot[t1,PlotJoined->True]
Show[%,%%]
```

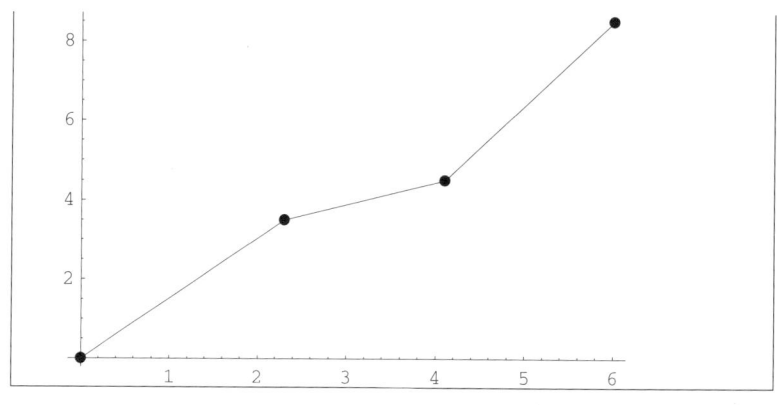

図8.1　測定点と折れ線グラフ

8.2　測定点の近似式

　測定点を結ぶ線の近似式を最小2乗法で求めよう．測定点は前項の値 t1 を用い，近似式は Fit で求められる．近似式を定数項，x の1次および2次の項までとすると下記のようにして近似式が求められる．近似式には対数，指数関数など測定点に合うように選べばよい．

```
Fit[t1,{1,x,x^2},x]
```
$0.198295+1.00359\,x+0.0563217\,x^2$

　次にこの近似式がどの程度測定点に合うか，測定点と近似式を同じグラフに示してみるには以下のようにする．

```
s3=ListPlot[t1,PlotStyle->PointSize[0.02]]
s4=Plot[0.198+1.004 x+0.0563 x^2,{x,0,6}]
```

```
Show[{%,%%}]
```

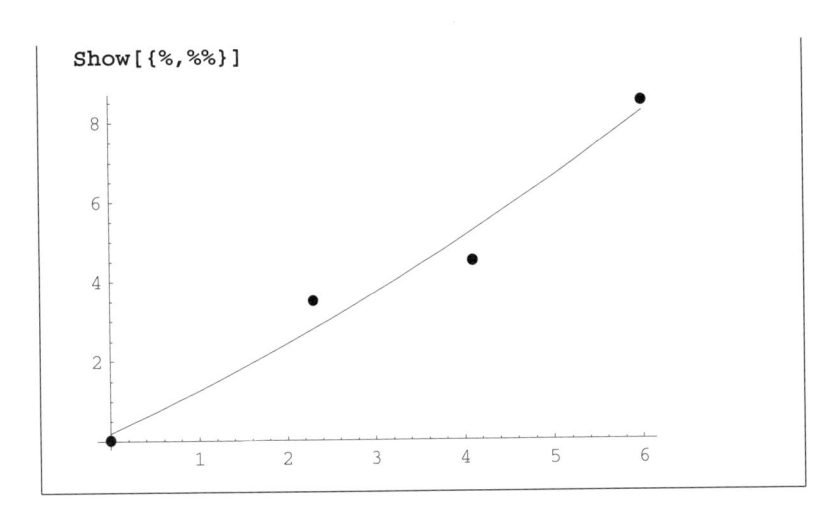

図 8.2 測定点と近似式

演習問題

8.1 次の測定点をプロットし，線で結んで表示せよ．

{1, 2.1}, {2, 5}, {3, 6.5}, {4, 5.9}, {5, 5.1}, {6, 2}

8.2 前の測定点に合う近似式を正弦波を用いて求めよ．

第2部

通信工学への応用

9

回路理論

この章では回路基礎および伝送線路関連のことで Mathematica を用いて計算したり図を描く方法を述べる．

9.1 回路基礎

回路理論は電気通信関係の勉強を始めるのに最初に出てくる科目である．そこで幾つかの問題を Mathematica を用いて説明して見よう．

(1) 負荷抵抗で消費する最大電力

一般的事項は式を解くことにより求められるが，ここでは図を用いて説明する．図を描くために，図 9.1 に示すように電源電圧 $E = 60\,\mathrm{V}$，内部抵抗 $r_1 = 3\,\Omega$ とし負荷抵抗 r_2 を変えて負荷で消費する電力の曲線を描くと図 9.2 のようになる．

```
p=((60/(3+r2))^2)r2
Plot[p,{r2,0,50}]
```

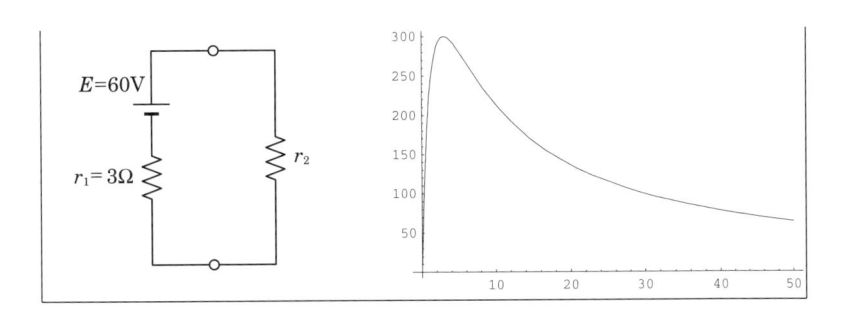

図 9.1　回路定数　　　図 9.2　負荷抵抗の消費電力

　この図から分かるように，負荷抵抗 r_2 がある値のところで負荷抵抗の消費電力は最大になる．このときの抵抗の値を正確に求めるには，電力 P を微分しその値が 0 になる抵抗の値を求めればよい．そこで，電力 P を r_2 で微分した値を描かせると図 9.3 のようになり，0 を切る r_2 の値は 3 Ω であることが分かる．すなわち，内部抵抗と負荷抵抗の値が同じ時に負荷の消費電力は最大となる．

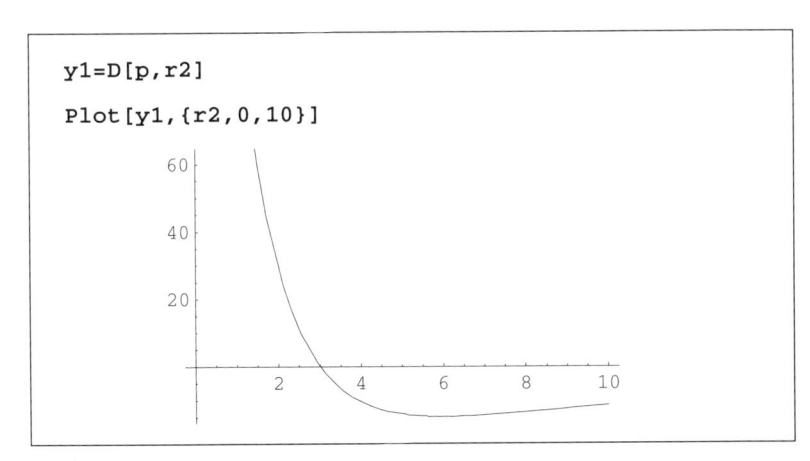

図 9.3　電力を r_2 で微分した図

　次に，この値を数値計算で求めてみる．微分値 y_1 が 0 になる r_2 の値を **NSolve** を用いて解くと以下のようになり，r_2 の値は 3 Ω であることが求められた．

```
NSolve[y1==0,r2]
{{r2→3.´}}
```

(2) ベクトル軌跡

正弦波の電圧，電流，インピーダンスおよびアドミタンスなどをベクトル表示した場合に，回路定数の変化に伴いどのような軌跡をベクトルの先端が描くかを示した図をベクトル軌跡という．

ここでは，図 9.4 に示すような抵抗とインダクタンスの直列回路に流れる電流のベクトル軌跡を描いてみよう．抵抗の値を r_3，インダクタンスによるリアクタンスを x_3 とすると，回路のアドミタンス y_3 は下記の式（9.1）のようになる．

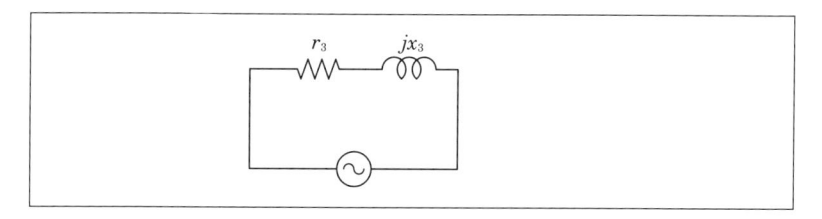

図 9.4 抵抗とインダクタンスの直列回路

$$y_3 = \frac{r_3}{(r_3)^2 + (x_3)^2} - j \frac{x_3}{(r_3)^2 + (x_3)^2} \tag{9.1}$$

ここで，実数部および虚数部をそれぞれ x 軸および y 軸に対応させ下記のように置く．

$$x = \frac{r_3}{(r_3)^2 + (x_3)^2}, \quad y = \frac{-x_3}{(r_3)^2 + (x_3)^2} \tag{9.2}$$

上式で r_3 を変化させたときのベクトル軌跡を描かせる．x_3 を適当な値，ここでは 10 Ω とし図を描いてみる．計算式は以下の通りで，図 9.4(a) はベクトル軌跡の連続表示で下式の 3 行を使い r_3 を 0 から 100 Ω まで変化し `ParametricPlot` により描かせたものである．式中の `AspectRatio` は図を円で描かせるための

9.1 回路基礎

 もので,これを省くと楕円となる.

4行目以降の式は点表示で r_3 を0から100Ωまで2Ω間隔で変化し,その値をプロットしたもので,座標で $(0, -0.1)$ の位置が $r_3 = 0$, $(0.5, -0.05)$ の位置が $r_3 = 10\,\Omega$ のときの値である.このグラフから抵抗値とリアクタンスの値が同じのとき,回路に流れる電流が電圧より $\pi/4$ 遅れることが分かる.

連続表示
```
x3=r3/(r3^2+100)
y3=-10/(r3^2+100)
g2=ParametricPlot[{x3,y3},{r3,0,100},
AspectRatio->Automatic]
```

点表示
```
x3=r3/(r3^2+100)
y3=-10/(r3^2+100)
p3=Table[{x3,y3},{r3,0,100,2}]
g3=ListPlot[p3,PlotStyle->PointSize[0.03],
    PlotRange->All,AspectRatio->Automatic]
Show[GraphicsArray[{g2,g3}]]
```

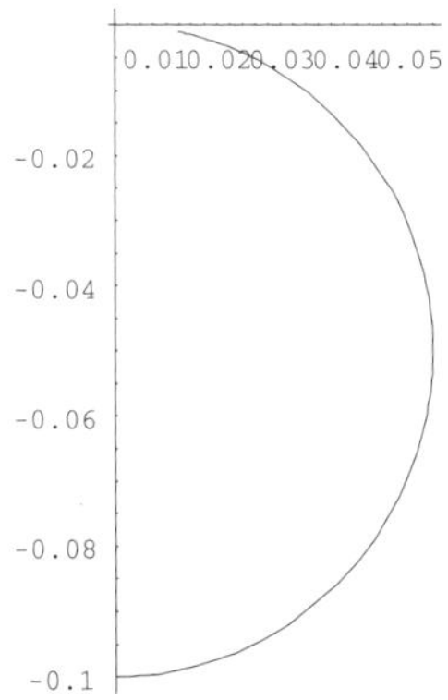

(a) 連続表示 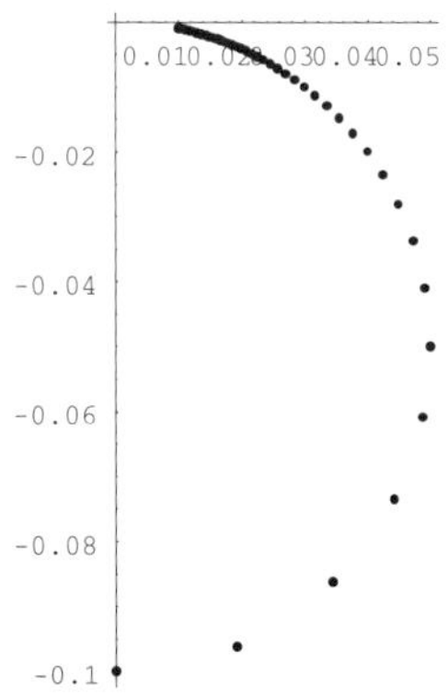　　(b) 点表示

図9.5　直列回路の電流のベクトル表示

同様にして，抵抗 r_3 を $10\,\Omega$ 一定にし，リアクタンス x_3 を変化したときの電流のベクトル図を描くことができる．

（3）ケーブルの2次定数

ケーブルの終端を短絡および開放したときの入力インピーダンス Z_s および Z_f はケーブルの特性インピーダンスを Z_0 として下記のように表される．

$$Z_s = Z_0 \tanh \gamma l \qquad Z_f = Z_0 \coth \gamma l \tag{9.3}$$

そこで，波長に比べて短いケーブルの終端短絡および開放インピーダンスを測定すれば，上式の積および比から特性インピーダンス Z_0 および伝搬定数 γ が下の式で求められる．

$$Z_0 = \sqrt{Z_s Z_f}, \quad \gamma = \alpha + j\beta = \frac{1}{l}\tanh^{-1}\sqrt{\frac{Z_s}{Z_f}} \tag{9.4}$$

ここで，α は減衰定数，β は位相定数である．

今，長さ $20\,\text{cm}$ の同軸ケーブルの Z_s および Z_f はそれぞれ次のようであった．

$$Z_s = 0.136 + j\,22.7\,\Omega, \quad Z_f = 0.999 - j\,202\,\Omega.$$

この値から特性インピーダンス，減衰定数および位相定数を求めよう．計算式および結果は，式（9.4）より *Mathematica* を使い下記のようになる．

```
z0=((0.136+22.7 I)(0.999-202 I))^0.5
67.7166-0.0354027 I
γ=ArcTanh[((0.136+22.7 I)/(0.999-202 I))^0.5]/0.2
0.00823966+1.61725 I
```

この結果より特性インピーダンス $Z_0 = 67.7 - j\,0.0354\,\Omega$，減衰定数 $\alpha = 0.00824\,\text{Nep/m}(0.0716\,\text{dB/m})$，位相定数 $\beta = 1.617\,\text{rad/m}$ が得られた．この計算からも分かるように，式（9.4）から α および β を求めることは複素数の計算とその `ArcTanh` を求めることが必要で，*Mathematica* で計算しなければ解くことが非常に困難である．

9.2 リサージュ波形

ブラウン管オシロスコープの縦軸と横軸にそれぞれいろいろな周波数の正弦波電圧を入れると種々の波形が描け，その波形から周波数の比が分かる．これを描くには **ParametricPlot** を使うのが便利である．下の式で3行目までは同じ周波数の同位相入力の結果で，図 9.6(a) に示すような直線になり，位相が 90 度異なると図 9.6(b) に示すように円になる．また，位相が 0 と 90 度の間では楕円になる．

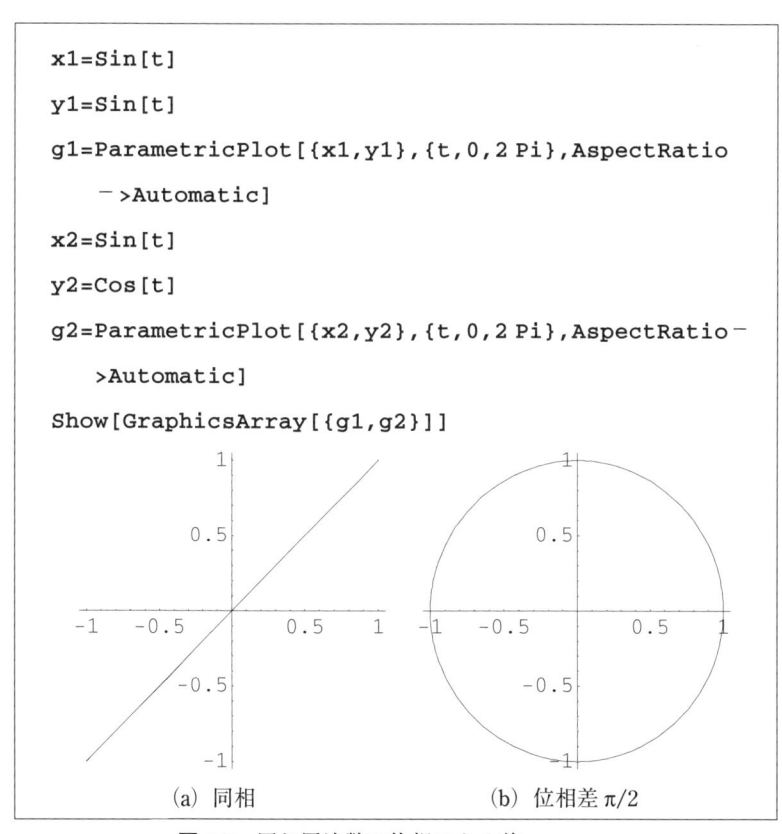

```
x1=Sin[t]
y1=Sin[t]
g1=ParametricPlot[{x1,y1},{t,0,2 Pi},AspectRatio
    ->Automatic]
x2=Sin[t]
y2=Cos[t]
g2=ParametricPlot[{x2,y2},{t,0,2 Pi},AspectRatio-
    >Automatic]
Show[GraphicsArray[{g1,g2}]]
```

(a) 同相　　　(b) 位相差 $\pi/2$

図 9.6　同じ周波数で位相による差

9 回路理論

次に周波数の比が 2 で，x 軸および y 軸の入力が sin と cos および sin と sin の場合の例を以下に示す．

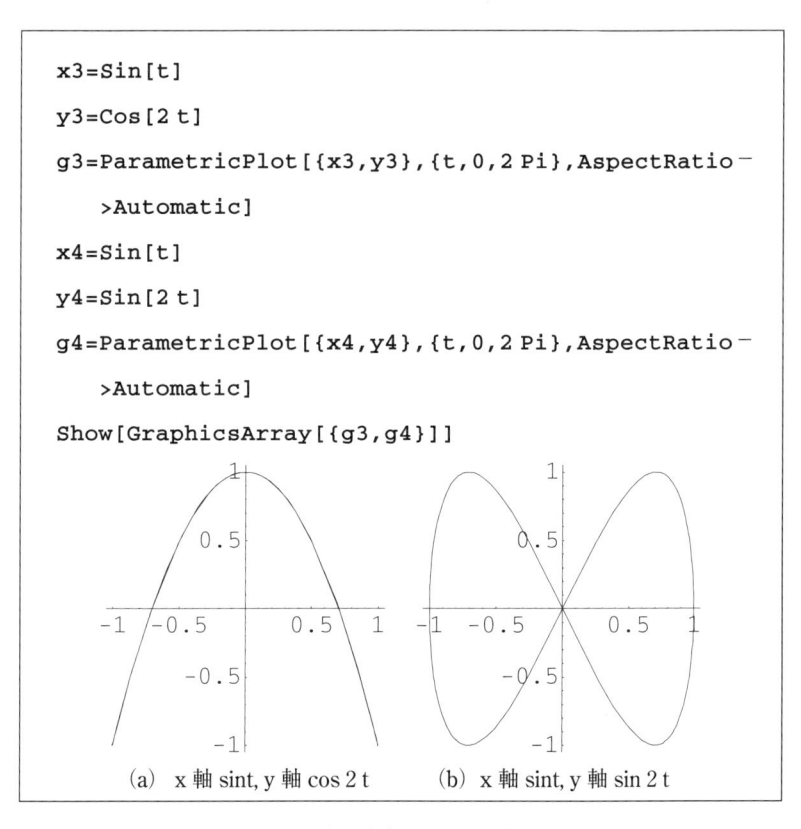

```
x3=Sin[t]
y3=Cos[2 t]
g3=ParametricPlot[{x3,y3},{t,0,2 Pi},AspectRatio-
   >Automatic]
x4=Sin[t]
y4=Sin[2 t]
g4=ParametricPlot[{x4,y4},{t,0,2 Pi},AspectRatio-
   >Automatic]
Show[GraphicsArray[{g3,g4}]]
```

(a) x 軸 sin t, y 軸 cos 2 t　　(b) x 軸 sin t, y 軸 sin 2 t

図 9.7　周波数が違うときの図形

9.3 フーリエ級数

通信で扱う周期波形は，多くの周波数成分からなる三角関数の和で表すことができる．この章では最初電気回路で学ぶフーリエ級数を計算する方法を述べ，次に *Mathematica* の組込み関数を用いて計算する方法を述べる．

（1）フーリエ級数の式による方法

今，図9.8のような周期波形を考える．この周期関数を f(θ) とすると，

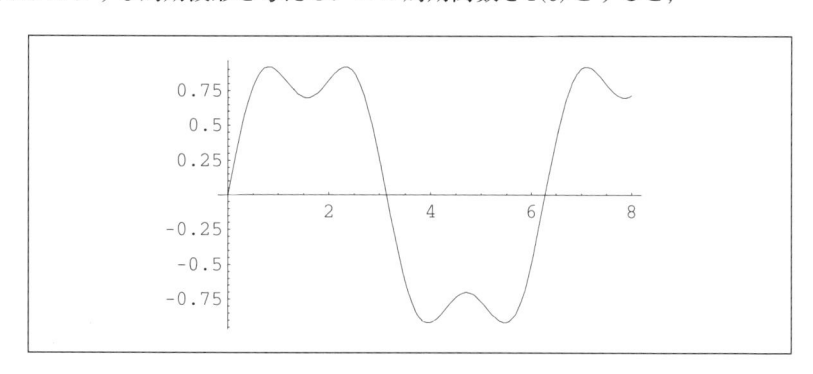

図9.8 周期波形

$$f(\theta) = a_0 + \sum_{n=1}^{\infty} (a_n \cos n\theta + b_n \sin n\theta) \tag{9.5}$$

のように表される．ここで，係数 a_0, a_n, b_n は下式により求められる．

$$\begin{aligned}
a_0 &= \frac{1}{2\pi} \int_0^{2\pi} f(\theta) d\theta \\
a_n &= \frac{1}{\pi} \int_0^{2\pi} f(\theta) \cos n\theta d\theta \\
b_n &= \frac{1}{\pi} \int_0^{2\pi} f(\theta) \sin n\theta d\theta
\end{aligned} \tag{9.6}$$

いま一例として図9.9のような半波整流波形をフーリエ級数に展開すると下式のようになる．

9 回路理論

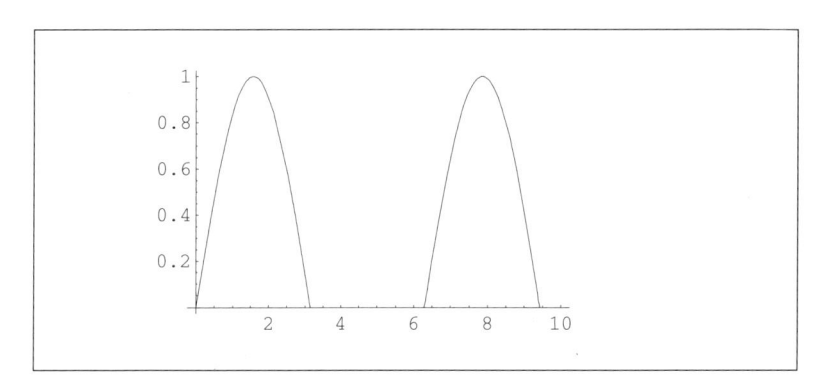

図 9.9 半波整流波形

$$f(\theta) = \frac{A}{\pi}\left[1 - \sum_{m=1}^{\infty}\frac{2\cos 2m\theta}{4m^2-1}\right] + \frac{A}{2}\sin\theta \tag{9.7}$$

ここで,この関数を用いて半波整流波形を計算するには振幅 A を 1 と置いて次の式で求められる.ここで,**Sum** は和を求める関数で m の 1 から 3 までの和を求めている.また,式(9.7)の $f(\theta)$ を $f1$, θ を x で表している.

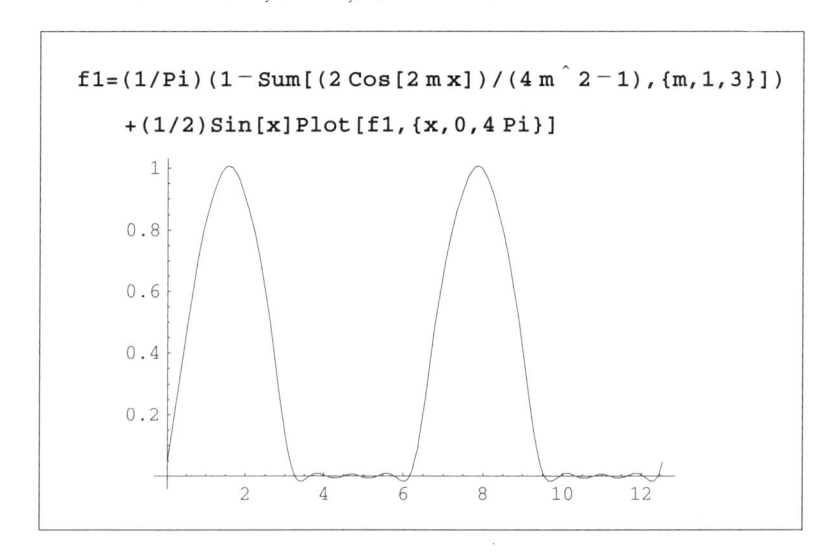

```
f1=(1/Pi)(1-Sum[(2 Cos[2 m x])/(4 m^2-1),{m,1,3}])
    +(1/2)Sin[x]Plot[f1,{x,0,4 Pi}]
```

図 9.10 フーリエ級数による半波整流波形 (m = 3)

この図形を見るともとの波形がほぼ忠実に再現されているのが分かる．表 9.1 に各種波形のフーリエ級数表示をまとめて示す．これらの波形のうち，角の丸い波形は数次の高調波で十分もとの波形を再現できるが，角張った方形波のような波形は多くの高調波を含んでいるので高次の高調波まで含めて計算しないともとの波形を再現することは困難である．

表 9.1　各種波形のフーリエ級数表示

名　称	波　形	フーリエ級数
全波整流波		$\dfrac{2A}{\pi} - \dfrac{2A}{\pi}\displaystyle\sum_{m=1}^{\infty}\dfrac{2\cos 2m\theta}{4m^2-1}$
半波整流波		$\dfrac{A}{\pi} + \dfrac{A}{2}\sin\theta - \dfrac{2A}{\pi}\displaystyle\sum_{m=1}^{\infty}\dfrac{\cos 2m\theta}{4m^2-1}$
方形波		$\dfrac{4A}{\pi}\displaystyle\sum_{m=1}^{\infty}\dfrac{\sin(2m-1)\theta}{2m-1}$
のこぎり波		$\dfrac{2A}{\pi}\displaystyle\sum_{n=1}^{\infty}(-1)^{n+1}\dfrac{\sin n\theta}{n}$
三角波		$\dfrac{2A}{\varphi(\pi-\varphi)}\displaystyle\sum_{n=1}^{\infty}\dfrac{\sin n\varphi}{n^2}\sin n\theta$

(2) *Mathematica* の関数を用いる方法

前の例では波形をフーリエ級数に展開し，その和を求める方法を述べたが，

Mathematica のパッケージを使えば級数展開した式を求めなくとも計算の途中で自動的に式が求められ，簡単に図形を描くことができる．以下に幾つかの例を示す．

(a) 方形波パルス

図 9.11 に示す方形波をフーリエ級数に展開する方法を述べる．まず，パッケージを呼び出す必要がある．これは，最初に，

```
<<Calculas`FourierTransform`
```

として Enter キーを押す．次に図 9.11 の波形を次のように定義する．

```
<<Calculus`FourierTransform`
f[x_]:=0/;−1<=x<=−0.5
f[x_]:=1/;−0.5<=x<=0.5
f[x_]:=0/;0.5<=x<=1
Plot[f[x],{x,−1,1}]
```

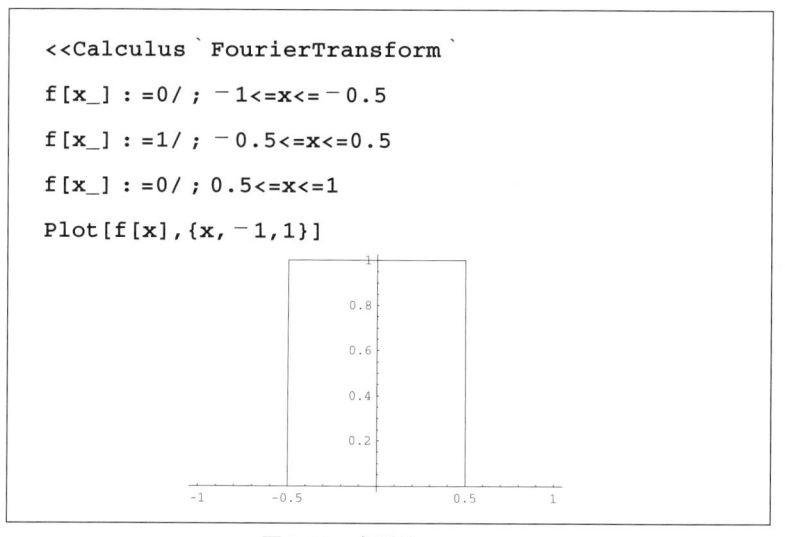

図 9.11　方形波

ここで，関数の中の x の後のアンダーラインは x が変数であることの表示である．また，:= は関数 x の遅延定義で，この関数が使われたときに評価されて結果が返される．

また，この = や := は関数の定義ばかりでなく変数に値を割り当てることにも使える．例えばランダムな値を求めるときの例を以下に示す．

```
r1=Random[]
0.251727
r2:=Random[]
```

となり，r2の値は求められない．ここで，

```
{r1,r2}
```

とすれば，

```
{0.251727,0.10945}
```

となり，r1およびr2が求められる．もう一度r1とr2を求めてみると，

```
{r1,r2}
{0.251727,0.740134}
```

となり，r1は先の値と同じであるが，r2の値は演算の都度異なる値が得られる．次にこの波形をフーリエ級数に展開しn=5次まで求めて波形を描く式を以下に示す．

```
n=5
g1=NFourierTrigSeries[f[x],{x,-1,1},n]
Plot[g1,{x,-1,1}]
```

上式によるフーリエ級数の展開式は下記のようになる．

```
0.5+0.63662 Cos[πx]+
9.00563×10⁻¹⁷Cos[2 πx]-
0.212207 Cos[3 πx]
-1.91405×10⁻¹⁷Cos[4 πx]+
0.127324 Cos[5 πx]+0.Sin[πx]+0.Sin[2 πx]+
0.Sin[3 πx]+0.Sin[4 πx]+0.Sin[5 πx]
```

これを計算して，図に描くと図 9.12 のようになる．先にも述べたように，方形波は角があるので相当高次の項まで求めて図を描かないともとの方形波を正確に表すのは困難である．

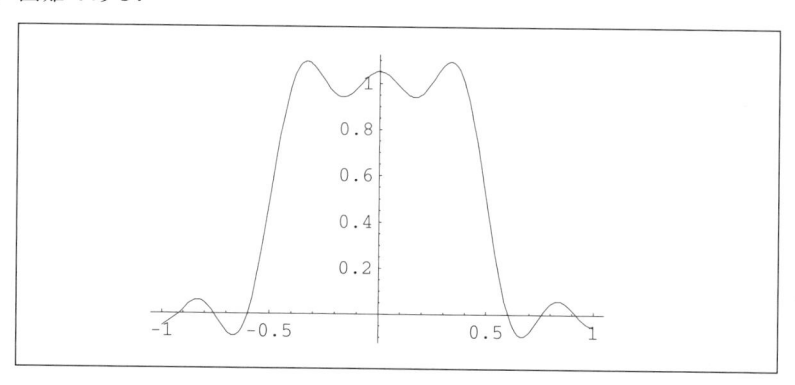

図 9.12　方形波のフーリエ級数による展開（n = 5）

(b) 全波整流波形

次に全波整流波形のフーリエ級数表示を示す．全波整流は正弦波の絶対値で表されるから 6 次の計算式は以下のようになり図形は図 9.13 のようになる．

9.3 フーリエ級数

```
<<Calculus`FourierTransform`
n=6
y1=Sin[x]
y2=Abs[y1]
g2=NFourierTrigSeries[y2,{x,0,2 Pi},n]
Plot[{y2,g2},{x,0,2 Pi}]
```

$0.63662+4.63049 \times 10^{-18} \text{Cos}[x]-0.424413 \text{Cos}[2x]-1.69476 \times 10^{-17} \text{Cos}[3x]-0.0848826 \text{Cos}[4x]+3.08021 \times 10^{-16} \text{Cos}[5x]-0.0363783 \text{Cos}[6x]-3.53395 \times 10^{-17} \text{Sin}[x]+8.28269 \times 10^{-19} \text{Sin}[2x]+8.50615 \times 10^{-17} \text{Sin}[3x]-5.91868 \times 10^{-18} \text{Sin}[4x]+1.81115 \times 10^{-16} \text{Sin}[5x]+8.83487 \times 10^{-17} \text{Sin}[6x]$

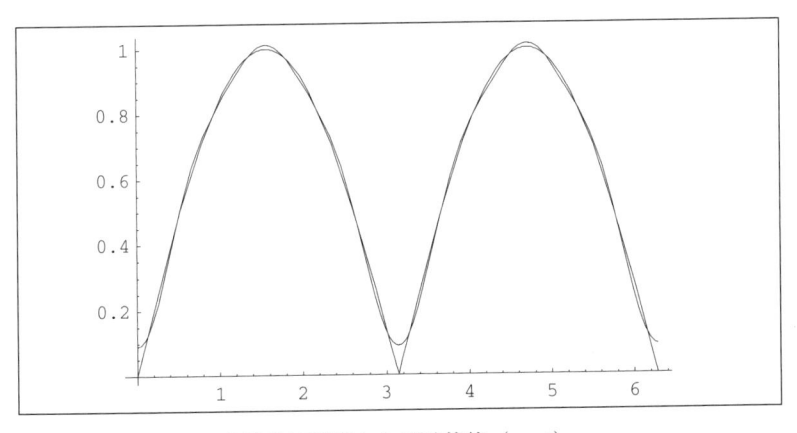

図 9.13　全波整流波形および計算値（n＝6）

この計算結果を見ると x 軸に近いところで多少もとの波形とずれているが，

その他のところはよく一致していることが分かる．

(c) 三角波

次に，図 9.14 に示す三角波のフーリエ級数展開を求めよう．この波形は x の 0 と 2 の間で下式のように定義する．

```
<<Calculus`FourierTransform`
f[x_]:=x/;0<=x<=1
f[x_]:=2-x/;1<=x<=2
Plot[f[x],{x,0,2}]
```

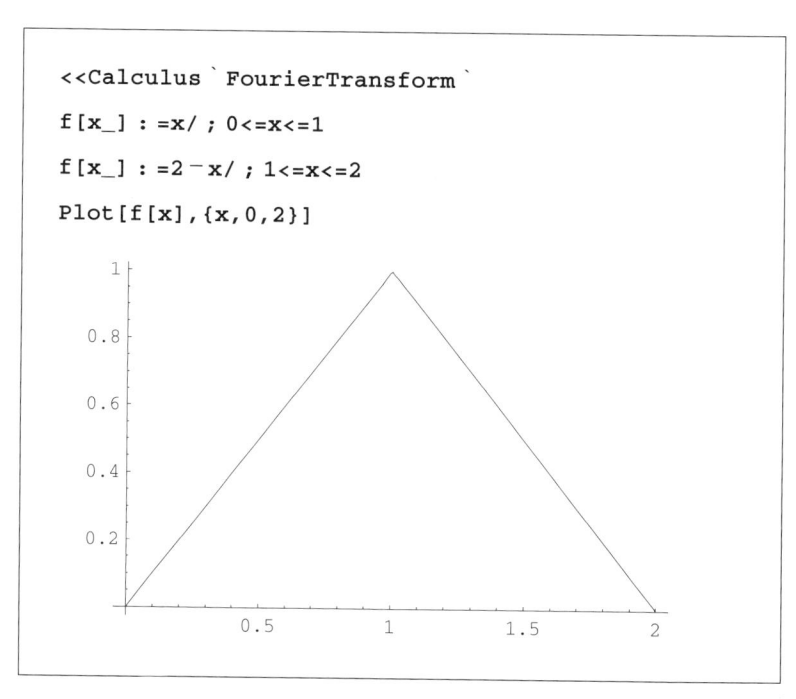

図 9.14 三角波

この波形のフーリエ級数展開を n=3 について求めた結果を図 9.15 に示す．

```
g1=NFourierTrigSeries[f[x],{x,0,2},3]
Plot[g1,{x,0,2}]
```

$0.5 - 0.405285\,\mathrm{Cos}[\pi\mathrm{x}] + 5.61278 \times 10^{-17}\mathrm{Cos}[2\,\pi\mathrm{x}] -$
$0.0450316\,\mathrm{Cos}[3\,\pi\mathrm{x}] + 5.55112 \times 10^{-17}\mathrm{Sin}[\pi\mathrm{x}] -$
$2.4564 \times 10^{-20}\mathrm{Sin}[2\,\pi\mathrm{x}] + 6.93889 \times 10^{-18}\mathrm{Sin}[3\,\pi\mathrm{x}]$

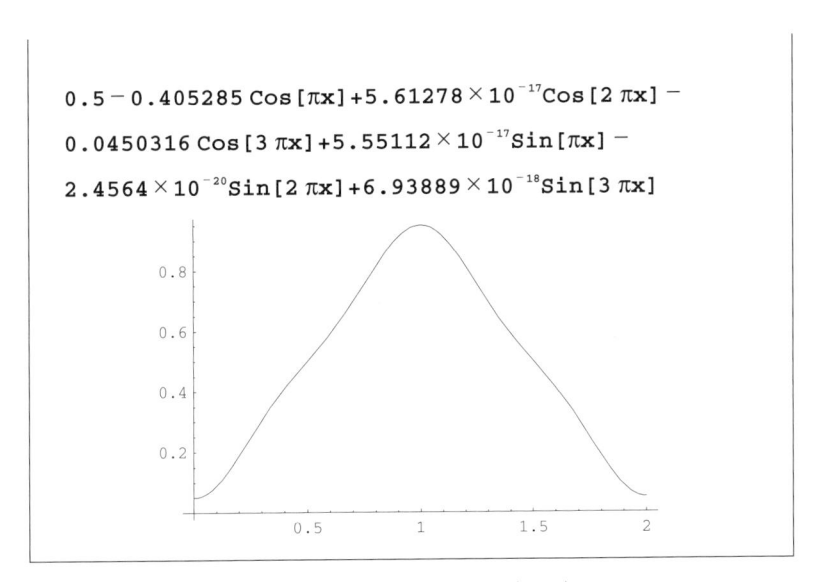

図9.15 三角波のフーリエ級数展開（n＝3）

この二つの波形を比較してみると角の尖っている所では多少歪んでいるが，大体の傾向はよく合っていると言えよう．

9.4 フーリエ変換

フーリエ変換は，パルス伝送においてパルス波形とその周波数スペクトルの関係を求める重要な式である．

時間関数 $f(t)$ のフーリエ変換 $F(\omega)$，および $F(\omega)$ のフーリエ逆変換 $f(t)$ はそれぞれ次のように定義されている．

$$F(\omega) = \int_{-\infty}^{\infty} f(t) \exp(-jwt)\,dt \tag{9.8}$$

$$f(t) = \frac{1}{2\pi} \int_{-\infty}^{\infty} F(\omega) \exp(jwt)\,dw \tag{9.9}$$

そこでこの定義に従いいくつかの関数についてフーリエ変換を求めてみよう．

(1) フーリエ変換式による方法

(a) 方形波

まず，図 9.16 に示す方形波パルスのフーリエ変換を求める．このパルスは時間 $t = -0.5$ から $t = 0.5$ まで振幅 1 で，その他の所では振幅は 0 である．したがって，積分範囲もこの範囲を求めればよく次のようになる．

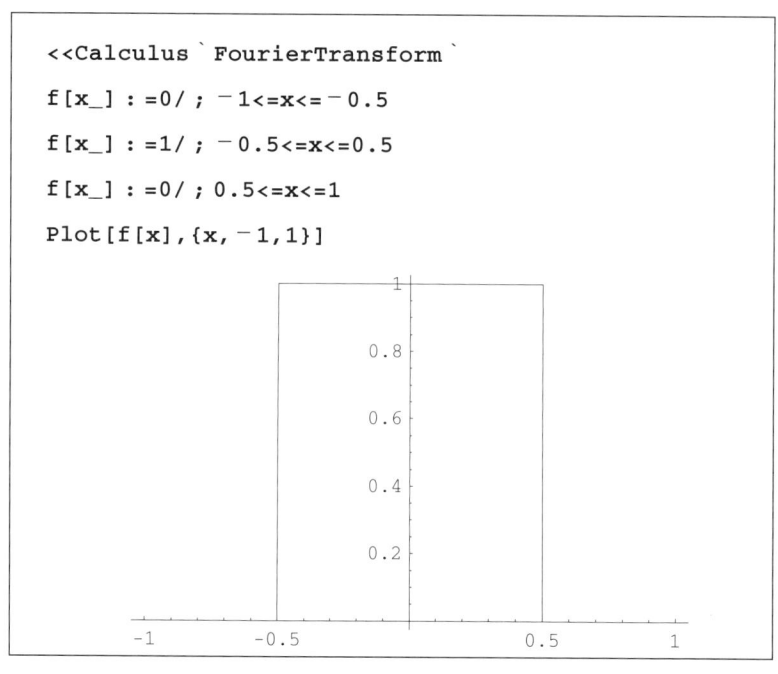

```
<<Calculus`FourierTransform`
f[x_]:=0/;-1<=x<=-0.5
f[x_]:=1/;-0.5<=x<=0.5
f[x_]:=0/;0.5<=x<=1
Plot[f[x],{x,-1,1}]
```

図 9.16　方形波パルス

```
g1=Integrate[1 Exp[-I 2 Pi f t],{t,-0.5,0.5}]
Plot[g1,{f,-10,10},PlotRange->All]
```

$$\frac{I\,E^{-3.14159\,I\,f}}{2\,f\pi} - \frac{I\,E^{3.14159\,I\,f}}{2\,f\pi}$$

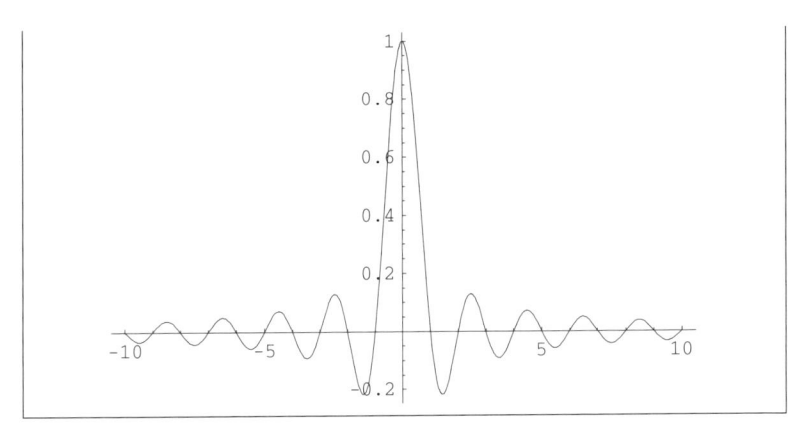

図 9.17　方形波パルスのフーリエ変換

(b) 三角波パルス

次に図 9.18 に示す三角波パルスのフーリエ変換を求める．

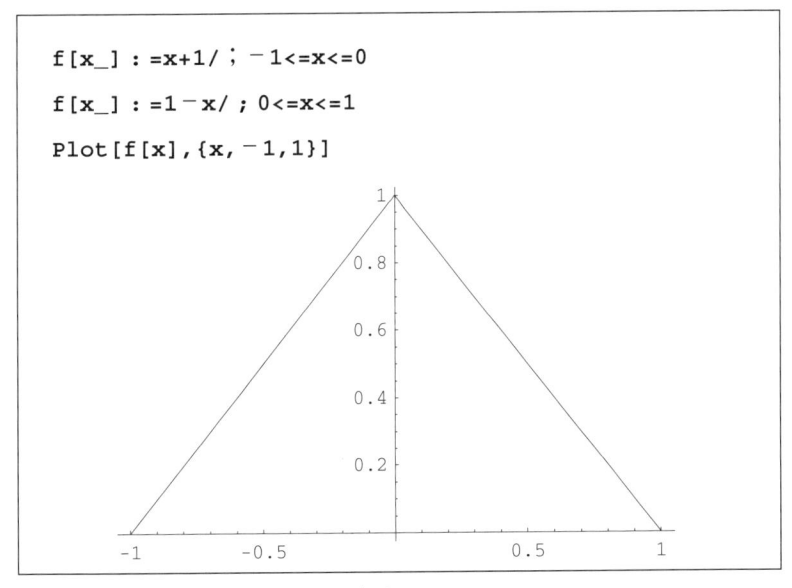

```
f[x_]:=x+1/；－1<=x<=0
f[x_]:=1－x/；0<=x<=1
Plot[f[x],{x,－1,1}]
```

図 9.18　三角波パルス

このパルス波形のフーリエ変換は次式で表される.

```
y1=Integrate[(t+1) Exp[-I 2 Pi f t],{t,-1,0}]
y2=Integrate[(-t+1) Exp[-I 2 Pi f t],{t,0,1}]
y=y1+y2
Plot[y,{f,-3,3},PlotRange->All]
```

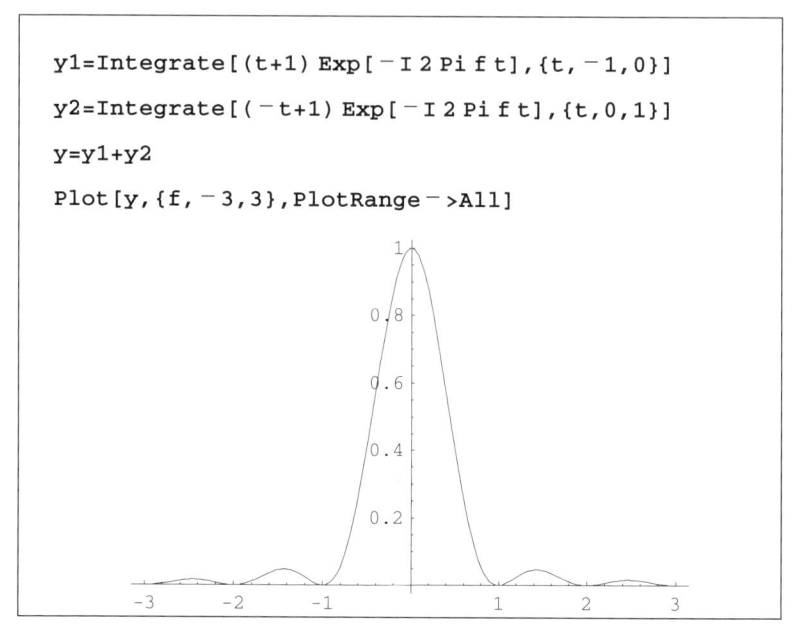

図 9.19 三角波パルスのフーリエ変換

(c) Raised Cosine パルス波形のフーリエ変換

図 9.20 に示す波形のフーリエ変換を求めよう.

```
y1=0.5(1+Cos[Pi t])
Plot[y1,{t,-1,1}]
g3=Integrate[y1 Exp[-I 2 Pi f t],{t,-1,1}]
Plot[g3,{f,-3,3},PlotRange->All]
```

9.4 フーリエ変換

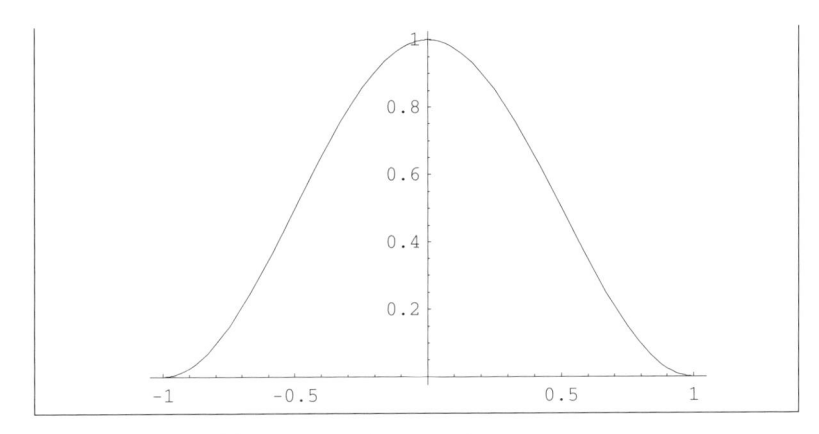

図 9.20 Raised Cosine パルス

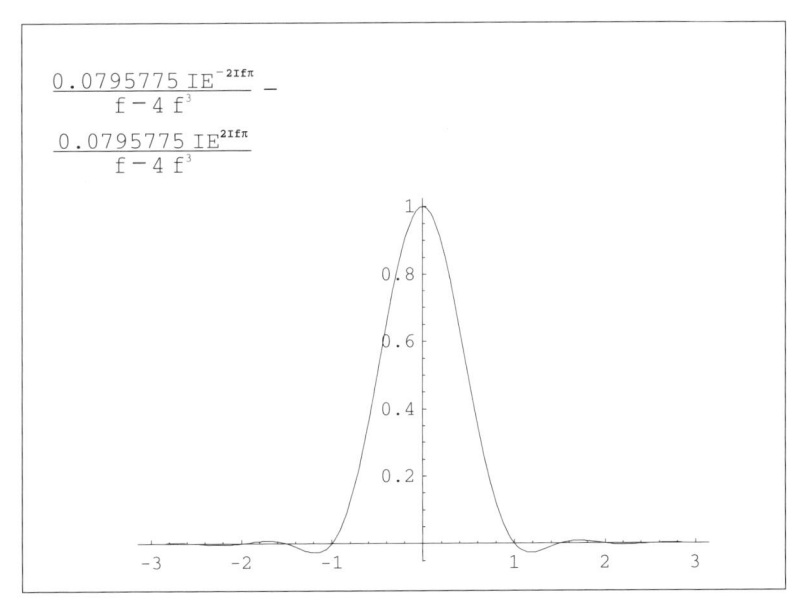

$$\frac{0.0795775\ \mathrm{IE}^{-2\mathrm{I}f\pi}}{f-4f^3} - \frac{0.0795775\ \mathrm{IE}^{2\mathrm{I}f\pi}}{f-4f^3}$$

図 9.21 フーリエ変換波形

この3種類の波形のフーリエ変換を比較して見ると，パルス波形が丸いものほど周波数成分が狭いことがよく分かる．

(2) Mathematica の関数を用いる方法

Mathematica にはフーリエ変換を求めるパッケージが用意されているのでこれを用いて計算してみよう．

例として，ガウス形の関数のフーリエ変換を計算する．計算式は以下のとおりである．

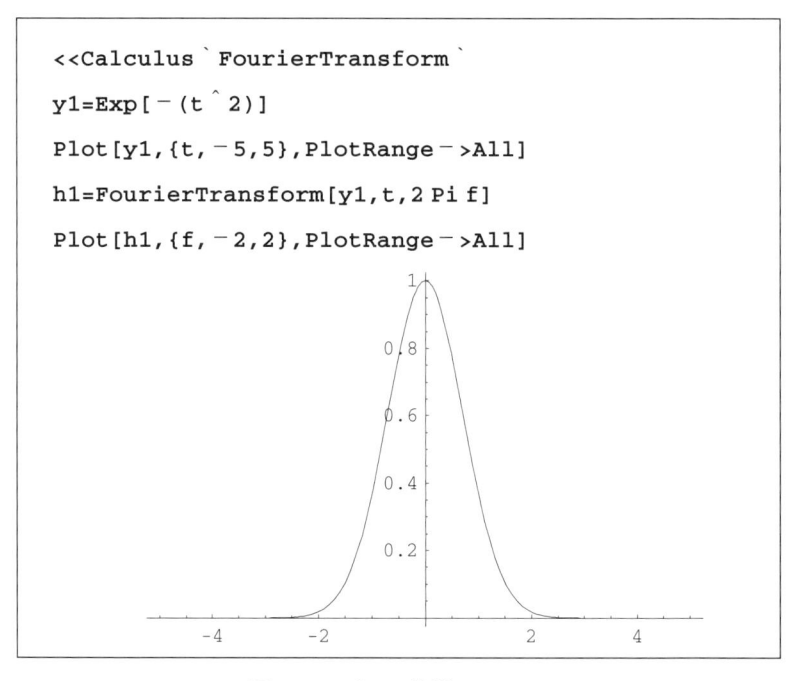

```
<<Calculus`FourierTransform`
y1=Exp[-(t^2)]
Plot[y1,{t,-5,5},PlotRange->All]
h1=FourierTransform[y1,t,2 Pi f]
Plot[h1,{f,-2,2},PlotRange->All]
```

図 9.22　パルス波形

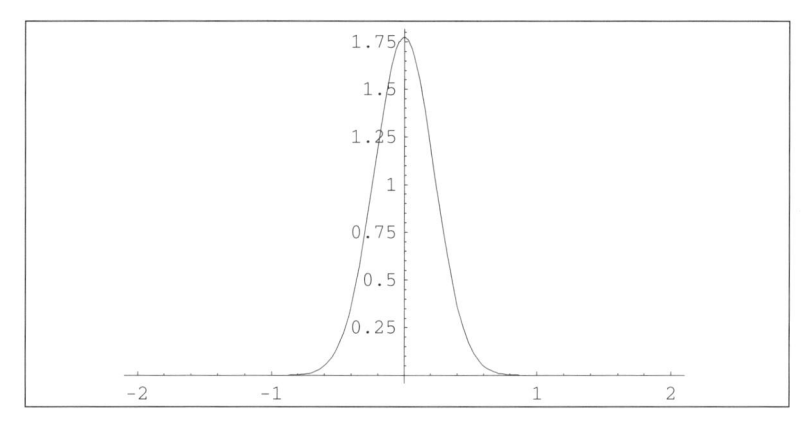

図 9.23　フーリエ変換波形

9.5　CR 回路のパルス応答波形

図 9.24 に示す方形波が図 9.25 に示す CR 回路を通過した後の波形を計算して見よう．

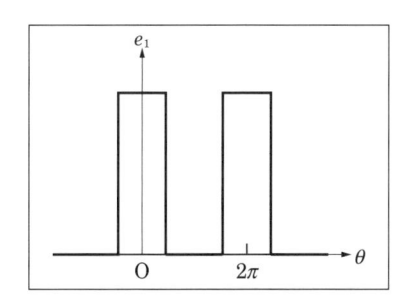

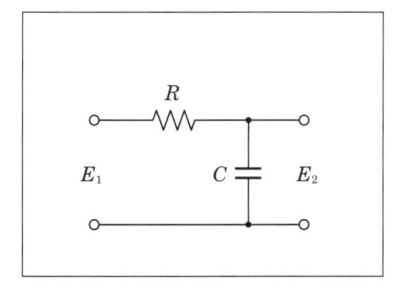

図 9.24　方形波　　　図 9.25　CR 回路（低域通過フィルタ）

図 9.24 の波形をフーリエ級数展開すると式（9.10）で表される．ただし，周期 T を 2π とした．

$$e_1 = \frac{1}{2} + \sum_{m=1}^{\infty} \frac{2}{\pi} \frac{(-1)^{m+1} \cos(2m-1)\theta}{2m-1} \tag{9.10}$$

また，図9.25のCR回路の入力電圧をE_1，出力電圧をE_2とすると下式が成立する．

$$\frac{E_2}{E_1} = \frac{1}{\sqrt{1+(\omega CR)^2}} \, e^{-j\tan^{-1}(\omega CR)} \tag{9.11}$$

上の2つの式を組み合わせてCR回路を通過したあとの方形波の波形は式（9.12）のように表される．

$$e_1 = \frac{1}{2} + \sum_{m=1}^{\infty} \frac{2}{\pi} \frac{(-1)^{m+1}\cos\{(2m-1)\theta - \mathrm{ArcTan}(\omega CR)\}}{2m-1} \frac{1}{\sqrt{1+(\omega CR)^2}} \tag{9.12}$$

ここで，$|E_2/E_1|=1/\sqrt{2}$ すなわち，$\omega CR=1$ のカットオフのところを基準とすると高次の周波数に対しては $\omega CR=2m-1$ となるので上式は以下のようになる．

$$e_1 = \frac{1}{2} + \sum_{m=1}^{\infty} \frac{2}{\pi} \frac{(-1)^{m+1}\cos\{(2m-1)\theta - \mathrm{ArcTan}(2m-1)\beta\}}{2m-1} \frac{1}{\sqrt{1+\{(2m-1)\beta\}^2}} \tag{9.13}$$

ここで，β はカットオフを変えたときの特性を求める係数で，

$\beta=1$ は $\omega CR=1$ のとき

$\beta=5$ は ωCR を1/5にしたと

$\beta=0.2$ は ωCR を5倍したときの係数であるので，β を変えることによりカットオフを任意に変えたときの特性を計算することができる．

具体例として，幾つかの例を以下に示す．

まず，伝送する波形の周波数に対しCRが小さい例として，$\beta=0.02$ の計算例を示す．

```
v=N[1/2+Sum[((2/Pi)*((-1)^(m+1))*
Cos[((2*m-1)*x-ArcTan[0.02*(2*m-1)]])/((
1+(0.02*(2*m-1))^2)^0.5*(2*m-1)),{m,1,100}]]
Plot[v,{x,-4,10},PlotRange->All]
```

計算式で m=100 まで求めた結果以下のような図が得られた．

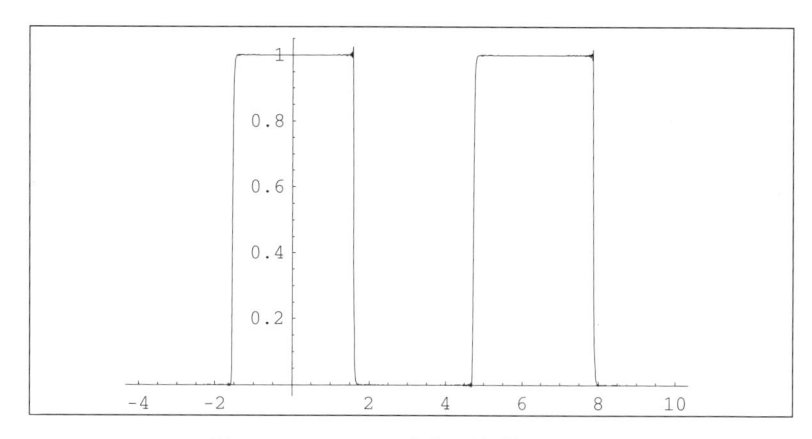

図9.26 $\beta=0.02$ のときの波形

この図を見るとほとんど入力波形と同じであり，$\beta=0.02$，すなわち50次の高調波がカットオフになるような高い周波数成分まで通過できる回路では波形の歪みはほとんど生じないと言える．

次に，$\beta=1$ として計算した結果を以下に示す．CRの値が基本波のカットオフになっているので高周波成分が出力側に表れなくなり，その結果波形が大きく歪んでいる．

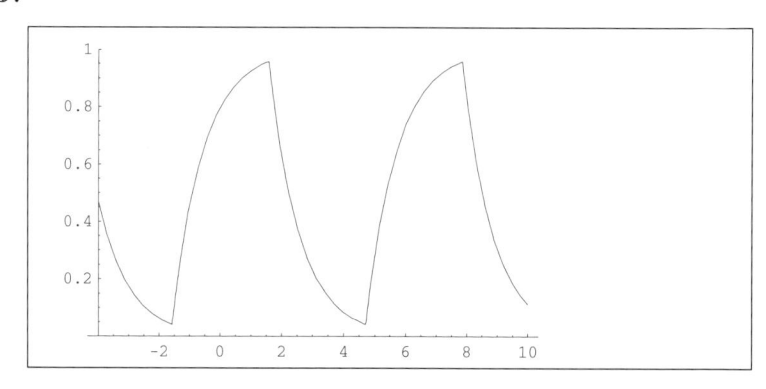

図9.27 $\beta=1$ の波形

次にさらに高周波成分が切れるように $\beta=5$ とすると図9.28に示すように三角

波に近くなり出力電圧も小さくなってくる.

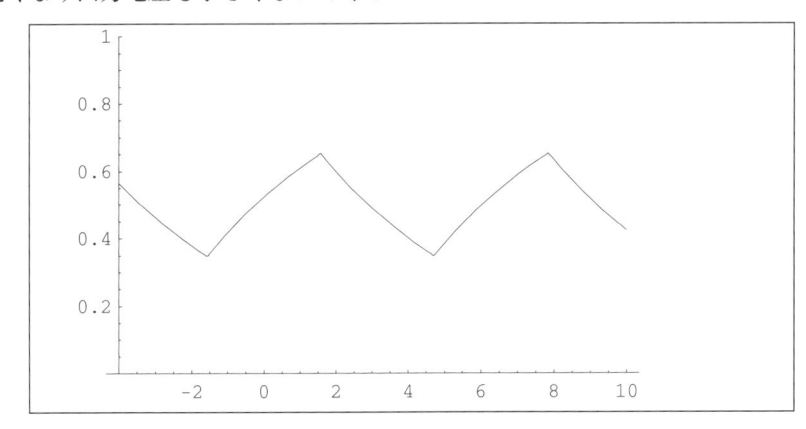

図 9.28　$\beta = 5$ の波形

以上は低域通過フィルタの特性であるが，図 9.25 の回路で C と R を入れ替えれば高域通過フィルタになり，このフィルタを通過したときの波形も今までと類似の形で計算できる.

演習問題

9.1　図 9.4 に示したような抵抗とインダクタンスの直列回路で，抵抗 $r = 100\,\Omega$ としリアクタンス x を変化させたときのこの回路のアドミタンスのベクトル軌跡を描け.

9.2　高周波における同軸ケーブルの減衰定数 a は次式のように表される.

$$\alpha = \frac{R}{2\sqrt{\dfrac{\mu}{\varepsilon}}\ln\dfrac{b}{a}}\left(\frac{1}{a} + \frac{1}{b}\right)$$

ここで，R は高周波における抵抗，a は内部導体半径，b は外部導体半径である．今，外部導体半径を一定にし，内部導体半径を変えたとき減衰定数が最小となる導体半径比 b/a の値を求めよ.

9.3　図 9.25 で CR を入れ替えた形の高域通過フィルタで，方形波を入力したとき $\beta = 1$ のときの出力波形を求めよ.

10
電磁気

10.1 点電荷による電位および電界

(1) 電位分布

点電荷 Q が距離 $2l$ 離れて図 10.1 のように x 軸上にあるとき，点 P の電位は式 (10.1) で表される．ここで，r_1, r_2 は点電荷から点 P までの距離である．

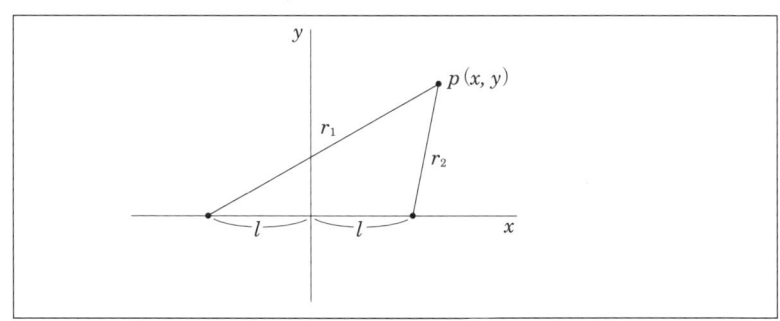

図 10.1 点電荷による電位

$$V = \frac{Q}{4\pi\varepsilon_0}\left[\frac{1}{r_1} + \frac{1}{r_2}\right] \tag{10.1}$$

これを直角座標で表せば式（10.2）のようになる．

$$V = \frac{Q}{4\pi\varepsilon_0}\left[\frac{1}{\sqrt{(x-l)^2+y^2}} + \frac{1}{\sqrt{(x-l)^2+y^2}}\right] \tag{10.2}$$

ここで，$y=0$ すなわち x 軸上の電位を図示すると，図 10.2 のように電荷のある位置で無限大になる．ただし，$Q/4\pi\varepsilon_0 = 1$, $l = 1$ としてある．

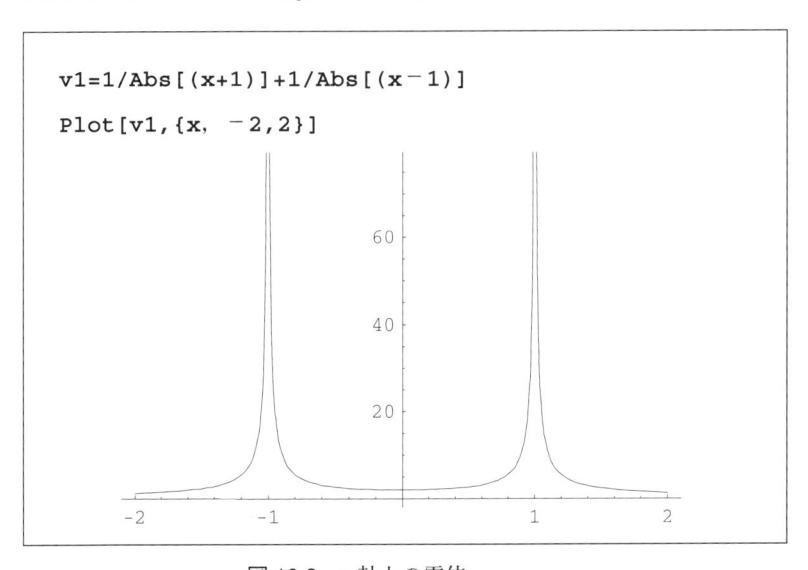

```
v1=1/Abs[(x+1)]+1/Abs[(x-1)]
Plot[v1,{x,-2,2}]
```

図 10.2　x 軸上の電位

次に，$x-y$ 平面上の位置の電位を表示しようとすると，3 次元表示にしなければならない．*Mathematica* には 3 次元分布を表示する関数 `Plot3D` があるのでこれを用いて表示する．

```
v=1/Sqrt[(x+1)^2+y^2]+1/Sqrt[(x-1)^2+y^2]
Plot3D[v,{x,-2,2},{y,-2,2},PlotPoints->50,
PlotRange->{0,10},BoxRatios->{1,1,1}]
```

10.1 点電荷による電位および電界　**79**

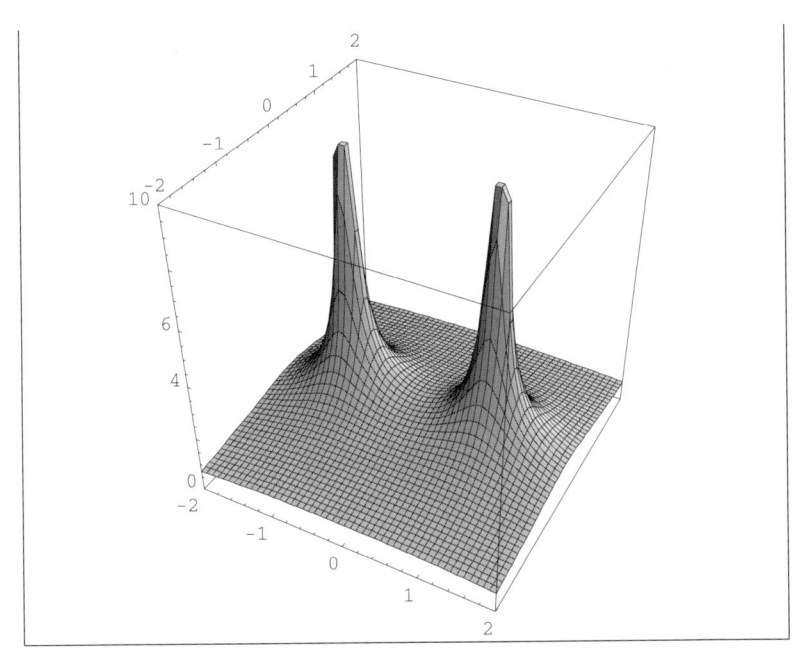

図 10.3　点電荷による電位の 3 次元表示

計算式の 2 行目の `PlotPoints` は表示する網目の細かさを表している．

次に，正と負の点電荷による電位の場合には，正と正の場合に少し手を加えて以下のような式にする．すなわち，z 軸の表示する範囲を -10 から $+10$ までとし，視点を `ViewPoint` で指定すると見やすい位置からの図画表示できる．

```
v=1/Sqrt[(x+1)^2+y^2]-1/Sqrt[(x-1)^2+y^2]
Plot3D[v,{x,-2,2},{y,-2,2},PlotPoints->50,
PlotRange->{-10,10},BoxRatios->{1,1,1},ViewPoint
    ->{1.6,-4,0.8}]
```

その結果を図 10.4 に示す．

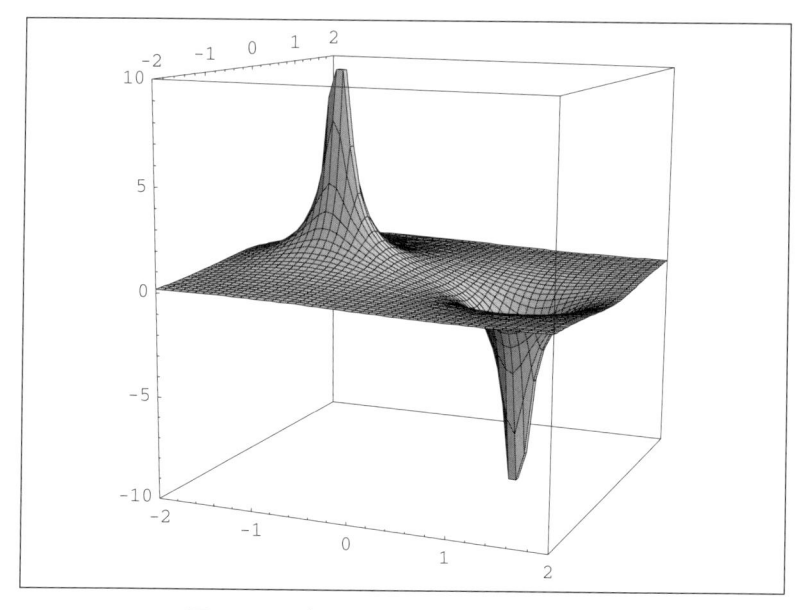

図 10.4 正負の点電荷による電位

(2) 電気力線

次に，正負の点電荷による x, y 平面上の電気力線を求めてみる．*Mathematica* には常に使用できる組込み関数のほかに必要に応じ特殊な演算ができるようにパッケージプログラムが用意されている．電気力線を描くときはパッケージ <<Graphics`PlotField` を用いる．

このパッケージを開くには<<Graphics`PlotField`と入力してから **Enter** キーを押せばよく計算式は以下のようになる．

```
<<Graphics`PlotField`
v=1/Sqrt[(x+1)^2+y^2]-1/Sqrt[(x-1)^2+y^2]
PlotGradientField[-v,{x,-2,2},{y,-2,2},
ScaleFunction->(0.5&)]
```

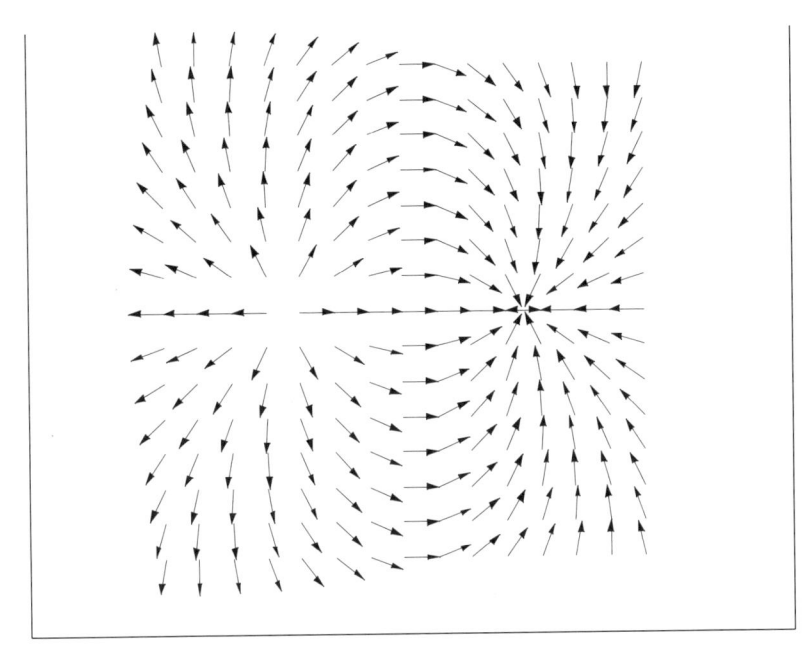

図 10.5　正負の点電荷による電気力線

ここで，`ScaleFunction->(0.5&)`は電気力線を表す矢印の長さを一定として表示するコマンドで，これが無いと矢印の大きさが電界の強さを表し，点電荷のごく近くのみ大きく表示され他では電気力線の方向が不明確になるため，矢印の大きさを一定にするようにした．

(3) 等電位線

等電位線は，*Mathematica* の組込み関数 `ContourPlot` を用いて描くことができる．以下に計算式およびその結果を示す．

```
v=1/Sqrt[(x+1)^2+y^2]-1/Sqrt[(x-1)^2+y^2]
ContourPlot[v,{x,-2,2},{y,-2,2}]
```

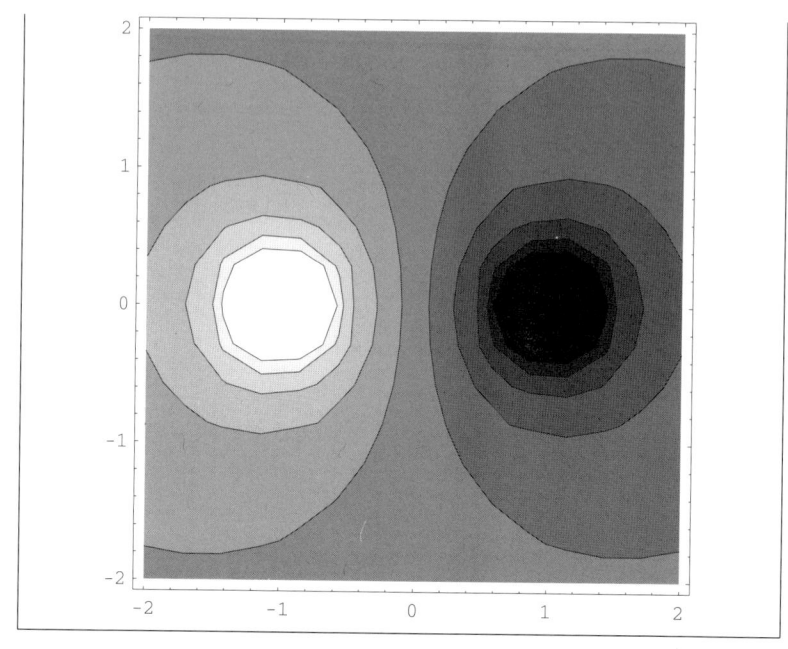

図 10.6　等電位線

図 10.6 は等電位線を濃淡で表しているが，濃淡を取り去り等電位線のみで表すと以下の図 10.7 のようになる．

```
v=1/Sqrt[(x+1)^2+y^2]-1/Sqrt[(x-1)^2+y^2]
ContourPlot[v,{x,-2,2},{y,-2,2},
ContourShading->False,Contours->20,
    PlotPoints->60]
```

上式で ContourShading->False は濃淡の削除，Contours->20 は等電位の間隔，PlotPoints->60 は滑らかな線にするために計算点を細かくするコマンドである．

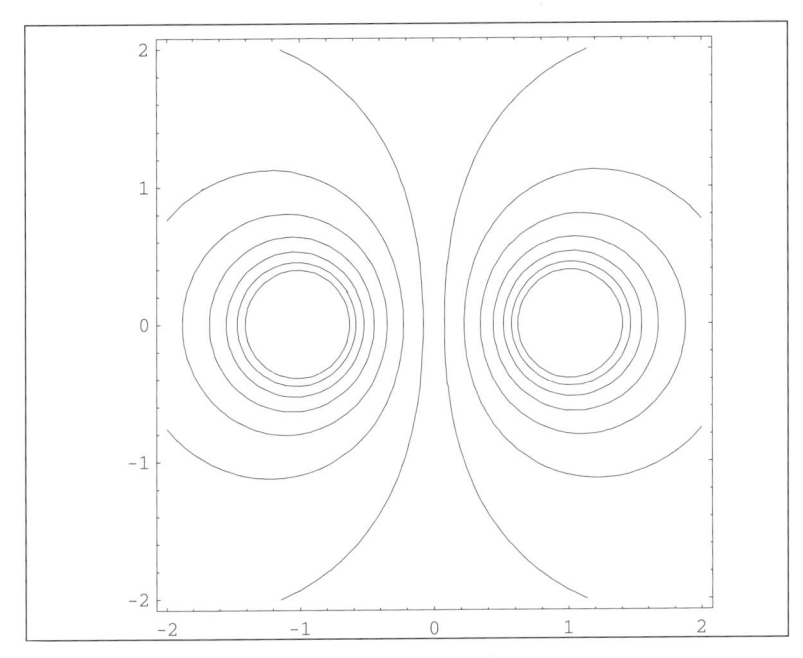

図 10.7　等電位線（濃淡削除）

演習問題

10.1　点電荷 $+Q$ が x 軸上に離れてあるときの電気力線の様子を示せ．ただし，各定数は任意に定めよ．

10.2　点電荷 $+Q$ が x 軸上に離れてあるときの等電位線の様子を濃淡を削除した図で示せ．ただし，各定数は任意に定めよ．

11
変 調

　画像や音声等の信号を長距離に伝送しようとするとき，信号をそのままケーブル等を通して伝送したのでは減衰や歪みが大きく，長距離伝送するのは困難である．このようなときには，一般に信号で搬送波を変調して伝送することが行われる．変調の種類は振幅変調，周波数変調および位相変調などがある．

11.1 振幅変調（AM）

（1）両側波帯変調（DSB‐AM）

　周波数 f_c の搬送波 $A_c \cos 2\pi f_c t$ を信号 $A_s \cos 2\pi f_s t$ で振幅変調する場合を考えよう．振幅変調を行うにはこの二つの信号を式（11.1）のような電圧と電流の間の非線形な特性をもつ回路を通すことにより行われる．

$$i = a_1 e + a_2 e^2 \tag{11.1}$$

　この回路に，搬送波および信号電圧を入力すると1次の項からは入力信号の周波数がそのまま出てくるが，2次の項からは2乗の項および両者の積が出てくる．これらのスペクトルの様子を図11.1に示す．すなわち，信号波および搬送波の2倍の周波数および上下の側波帯が出てくるので，フィルタで搬送波および上下の側波帯を取り出し係数を付け直して式（11.2）を得る．

11.1 振幅変調(AM)

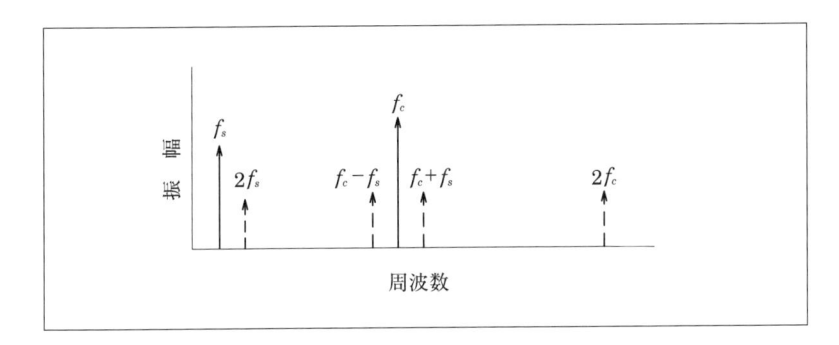

図 11.1 変調により発生する周波数例

$$e(t) = E_c(1+m\cos 2\pi f_s t)\cos 2\pi f_c t$$

$$= E_c \cos 2\pi f_c t + \frac{mE_c}{2}\{\cos 2\pi (f_c+f_s)t + \cos 2\pi (f_c-f_s)t\} \quad (11.2)$$

ここで，1項目は搬送波を示し，2項目の最初の項は搬送波と信号波の和の周波数で最後の項は差の周波数を示している．ここで，m は振幅変調度で信号振幅と搬送波振幅の比(E_s/E_c)である．振幅変調波はこのように搬送波と上下の側波帯から成り立っている．

この振幅変調波の波形を描いて見よう．実際の通信では f_c と f_s の比は 10^2 から 10^3 以上であるが，このような大きな比では式 (11.2) の図を描くと搬送波で図が塗りつぶされてしまうのでここでは $f_c/f_s = 10$, $E_c = 1$, $m = 0.5$ として描く事にする．

```
Plot[0.5 Cos[x],{x,0,4 Pi}];
Plot[Cos[10 x],{x,0,4 Pi}];
Plot[(1+0.5 Cos[x]) Cos[10 x],{x,0,4 Pi}];
```

11 変調

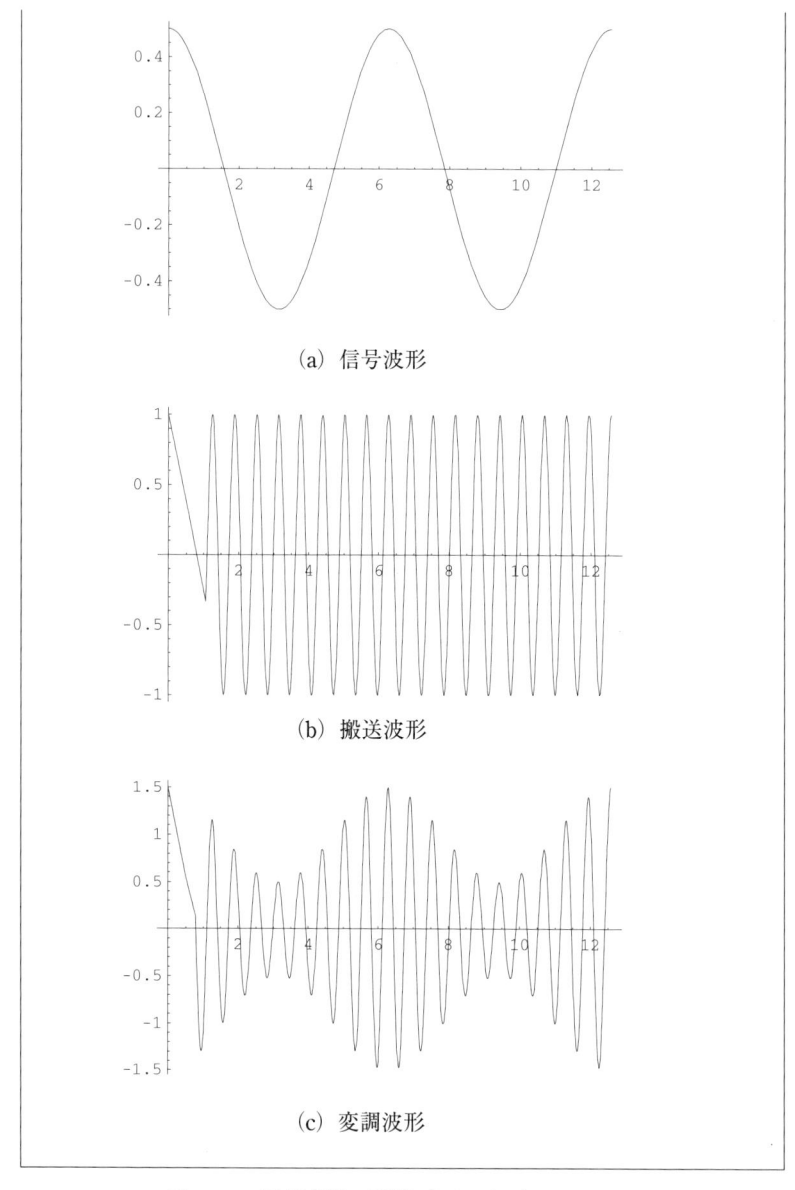

(a) 信号波形

(b) 搬送波形

(c) 変調波形

図 11.2　振幅変調の波形（DSB-AM）

図11.2(a)は伝送しようとする信号の波形，(b)は搬送波の波形，(c)は振幅変調された波形で，信号の振幅が大きいところでは搬送波の振幅が信号波に比例して大きくなっているのが分かる．

これらの波形で(b)および(c)の波形の始めの所が一部正確に描かれていないが，これはMathematicaが自動的にサンプル点を選んで計算する際に，関数とサンプル点との不具合によりエリアシングが起こり，部分的に適合アルゴリズムが働かない事による．これを修正するにはオプション PlotPoints で計算点の数を増やすことにより解決される（デフォルト値は25）．図11.2(c)についての再計算結果を以下に示す．この図からも分かるように計算点を増やすことにより正しい図が得られる．ここで，変調度 m を1以上にすると過変調になり波形に歪みが生ずる．

```
Plot[(1+0.5 Cos[x]) Cos[10 x],{x,0,4 Pi},
PlotPoints->30];
```

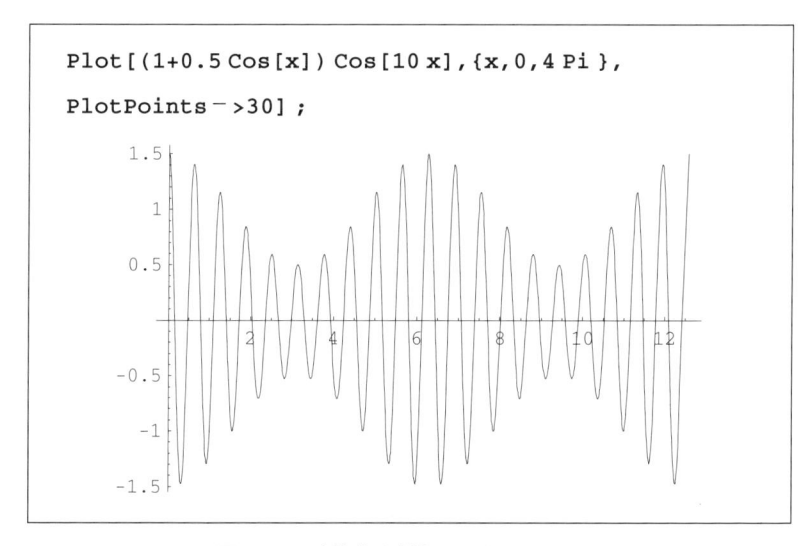

図11.3　計算点を増加した例

(2) 搬送波除去振幅変調（SC-DSB-AM）

振幅変調において，搬送波を除去した場合の変調波形はどうなるであろうか．以下にそれを示す．搬送波を除去したときの式は式(11.2)より信号波と搬送波の

積になり下記のように表される.

$$e(t) = E_s \cos 2\pi f_s t \cos 2\pi f_c t \tag{11.3}$$

この波形を描くと以下のようになる.

```
Plot[Cos[x] Cos[11 x],{x,0,2 Pi}]
```

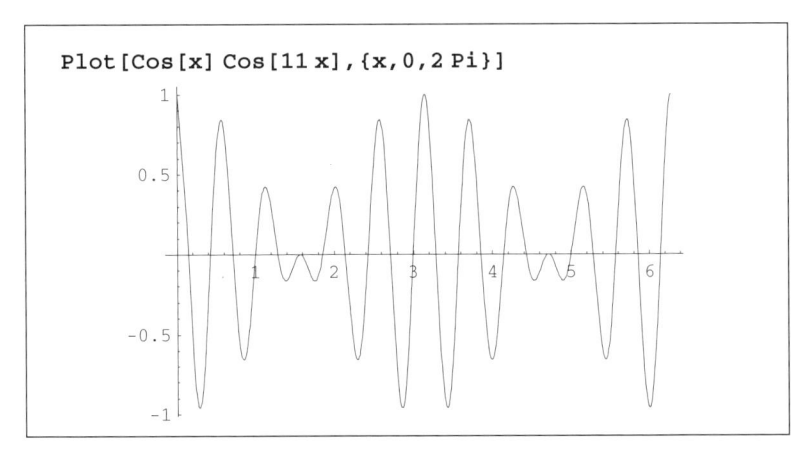

図 11.4 搬送波除去 AM

　この波形を見ると,信号波が零点を通る前後で搬送波の位相が 180 度反転するのが分かる.すなわち,搬送波除去 AM では,図の上では見かけ上搬送波があるように見えるが,実際は信号波形が正負と変わるごとに搬送波の位相が 180 度変わり,平均すると搬送波成分を持たないことになる.この搬送波除去 AM はこれ単独で用いることは無く,次の SSB-AM の発生過程で用いることが多い.

(3) 単側波帯振幅変調 (SSB-AM)

　先に述べたように振幅変調波は,図 11.1 からも分かるように信号の情報は搬送波の上下に存在し,その内容は同じものである.したがって,無線周波数の帯域を節約するには復調する技術的なことを考えなければどちらかの側波帯を伝送すればよく,上下の両方の側波帯を伝送する必要は無い.

　現在,放送など多くの振幅変調は両側波帯を用いているが,これはあとで述べるように復調の際,搬送波を含んでいると簡単に復調できるからである.

(4) 強度変調 (IM)

光ファイバ通信では，半導体レーザを直接変調すると変調信号電流と出てくる光の強度（電力）が比例するため，振幅変調ではなく強度変調となる．

11.2　周波数変調および位相変調(FM, PM)

位相を微分したものは周波数であり，周波数変調と位相変調はよく似ているので両者を併せて角度変調という事がある．

（1）周波数変調

搬送波 $e(t) = A_c \cos 2\pi f_c t$ の瞬時周波数 $f_i(t)$ を信号周波数 $f_s(t)$ に比例して下式のように変化したときこれを周波数変調という．

$$f_i(t) = f_c + k_f f_s(t) \tag{11.4}$$

ここで k_f は周波数変調感度である．瞬時周波数は実際の波には角度として含まれるから式(11.4)を積分して，

$$\begin{aligned}\theta &= \int 2\pi f_i(t) dt \\ &= 2\pi f_c t + 2\pi k_f \int f_s(t) dt\end{aligned} \tag{11.5}$$

となる．簡単のため，信号周波数 $f_s(t)$ を $A_s \cos 2\pi f_s t$ とすると周波数変調波は，

$$\begin{aligned}e(t) &= A_c \cos\left(2\pi f_c t + \frac{A_s k_f}{f_s} \sin 2\pi f_s t\right) \\ &= A_c \{J_0(m_f) \cos 2\pi f_c t + J_1(m_f)[\cos 2\pi(f_c + f_s)t - \cos 2\pi(f_c - f_s)t] \\ &\quad + J_2(m_f)[\cos 2\pi(f_c + 2f_s)t + \cos 2\pi(f_c - 2f_s)t] \\ &\quad + J_3(m_f)[\cos 2\pi(f_c + 3f_s)t - \cos 2\pi(f_c - 3f_s)t] \\ &\quad + \cdots \cdots \}\end{aligned} \tag{11.6}$$

となる．ここで $m_f = A_s k_f / f_s = \Delta f / f_s$ は変調指数，Δf は周波数偏移である．このように周波数変調波は搬送周波数の上下に多くの側波帯を持つので広い伝送帯域が必要である．

（2）位相変調

位相変調は搬送波の位相を信号電圧に比例して変化させる変調方式ある．すな

わち，式 (11.6) において位相変調感度を k_p とし，変調信号を FM と同じように $A_s\cos 2\pi f_s t$ とすると位相変調の式は下記のようになる．

$$e(t) = A_c\cos(2\pi f_c t + A_s k_p \cos 2\pi f_s t) \tag{11.7}$$

ここで，$m_p = A_s k_p$ は位相変調の変調指数である．式(11.6)と(11.7)を比較すると周波数変調と位相変調は変調指数 m_f と m_p が同じ場合には側波帯の振幅の絶対値は全く同じになる．

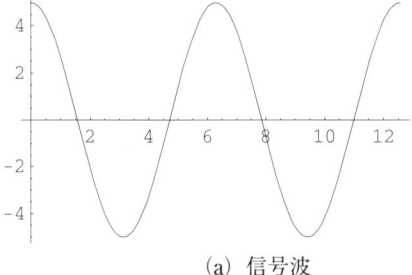

ここで，周波数変調および位相変調波の形を計算した結果を図11.5に示す．この図から周波数変調された波と位相変調された波の位相が90度ずれているのが分かる．また，振幅変調とは異なり変調に伴う振幅の変化は無く一定である．計算では，信号波と搬送波の比を1対10，変調指数を5とした．

```
y1=5 Cos[x]
y2=Cos[10 x]
y3=Cos[10 x+5 Sin[x]]
y4=Cos[10 x+5 Cos[x]]
Plot[y1,{x,0,4 Pi}];
Plot[y2,{x,0,4 Pi},PlotPoints->30];
Plot[y3,{x,0,4 Pi},PlotPoints->30];
Plot[y4,{x,0,4 Pi},PlotPoints->30];
```

(a) 信号波

11.2 周波数変調および位相変調(FM, PM)　**91**

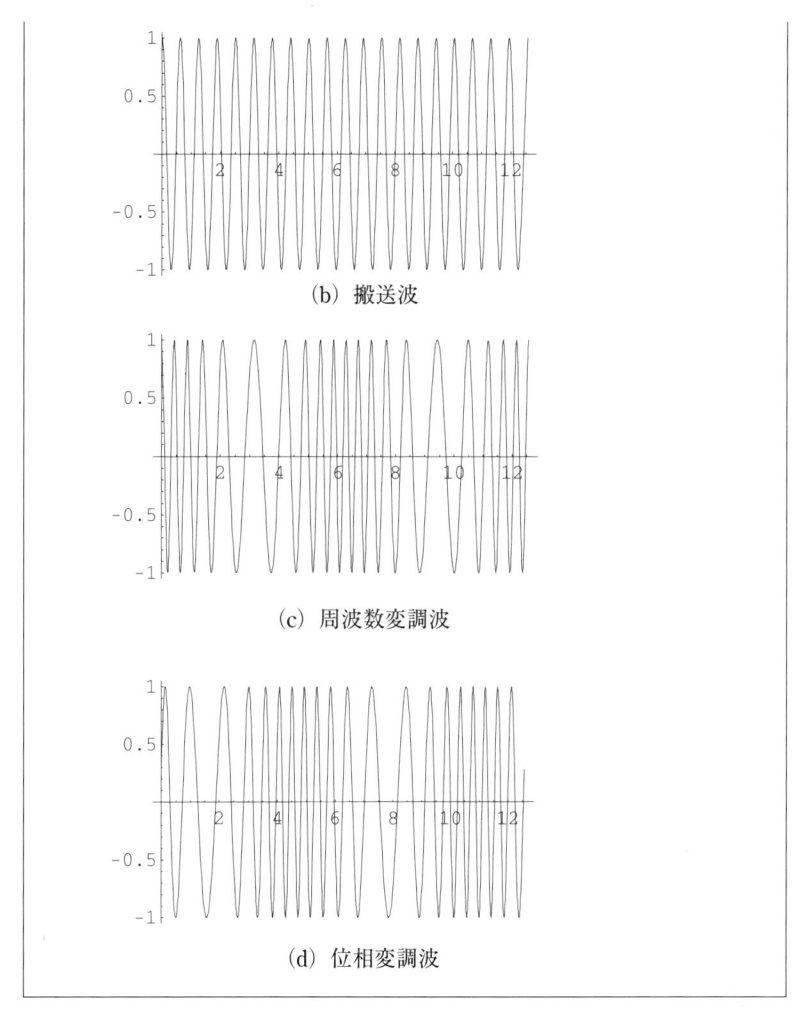

(b) 搬送波

(c) 周波数変調波

(d) 位相変調波

図 11.5　周波数変調および位相変調波

（3）帯域幅

　周波数変調および位相変調は必要とする帯域幅が振幅変調と比較して非常に広くなる．図 11.6 に周波数変調に伴う側波帯の大きさを描いた結果を示す．計算では，変調指数を 5，上下の側波帯を各 10 までとした．

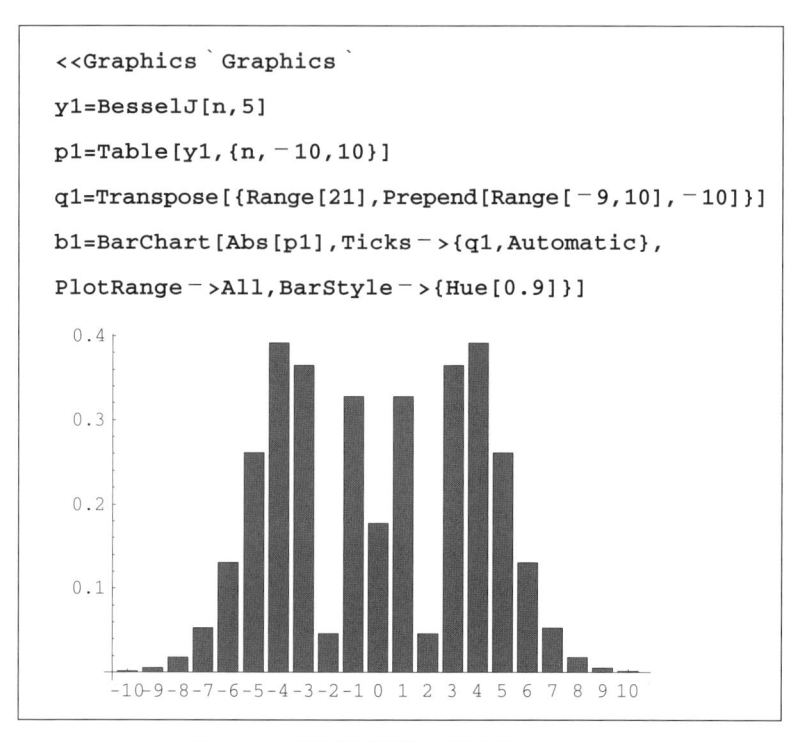

```
<<Graphics`Graphics`
y1=BesselJ[n,5]
p1=Table[y1,{n,-10,10}]
q1=Transpose[{Range[21],Prepend[Range[-9,10],-10]}]
b1=BarChart[Abs[p1],Ticks->{q1,Automatic},
PlotRange->All,BarStyle->{Hue[0.9]}]
```

図11.16 周波数変調波の側波帯

　計算式は，`y1`でベッセル関数を指定し，`p1`で側波帯の数を決め，`q1`で搬送波の番号を0とし，上下に10ずつの番号を付けた．`b1`では，棒グラフを指定しベッセル関数の絶対値を求め棒グラフに色を付けている．変調指数が大きくなると側波帯の幅も広くなるが，その様子は各自で試してみよう．

　側波帯に含まれる電力は，ベッセル関数の2乗和で表されるので，図11.6の例では上下5次までの側波帯に含まれる全電力 P は下式で求められる．

$$P = \sum_{n=-5}^{5} J_n^2(5) = 0.959 \tag{11.8}$$

すなわち，全電力の95.9%が上下5次までの側波帯に含まれることが分かる．

　実用上必要とする帯域幅 B は，最大周波数偏移を Δf，信号周波数を f とする

と下式で表され，この帯域内に全電力の 95% 以上が含まれる．

$$B = 2(\Delta f + f) \tag{11.9}$$

位相変調の側波帯の広がりは，式（11.7）において変調信号の形を正弦波とすれば式（11.6）において m_f の代わりに m_p の値を代入することにより全く同様に求められる．

演習問題

11.1 両側波帯振幅変調で，搬送波と変調信号の周波数の比が 20:1，変調度 m が 2（過変調）のときの変調波形を描け．

11.2 信号周波数 10 kHz，周波数偏移 40 kHz のときの，周波数変調波の側波帯の大きさのグラフを描け．

11.3 信号周波数 10 kHz，位相偏移 $m_p = 4$ のときの，位相変調波の側波帯の大きさのグラフを描け．

11.4 上の問題 11.2 および 11.3 において，信号周波数が 2 kHz のときの周波数変調波と位相変調波の側波帯の大きさのグラフを描け．

11.5 問題 11.2 において搬送波と上下 5 つのサイドバンドに含まれる電力は全電力の何パーセントか．

12
復　調

12.1　振幅変調の復調

　両側波帯振幅変調波の復調をするには図 12.1 に示す回路で行うことができる．振幅変調波は左側から入り，ダイオードで検波され振幅変調波の正の部分のみが取り出されたのち CR 回路により高周波成分が除去され，低周波成分すなわちもとの伝達しようとする情報の信号が得られる．

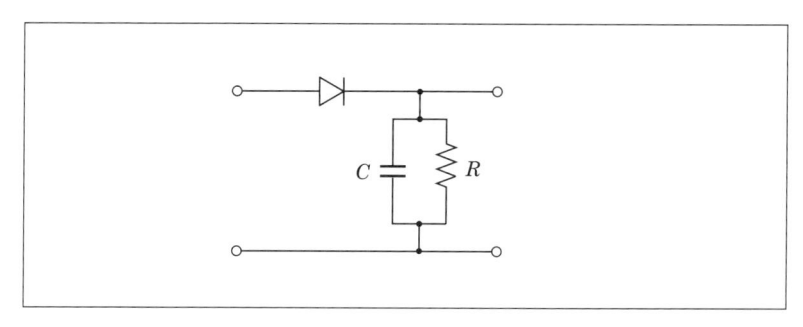

図 12.1　振幅変調波の検波

これを *Mathematica* を用いて計算してみる．まず，振幅変調波の変調度を 0.5，信号波は 1 次と 3 次の高調波を含む信号とし，図を描く便宜上信号波の基本波と搬送波の周波数比を 1 対 50 とし検波信号を計算する．

```
<<Calculus`FourierTransform`
y1=Cos[x]-0.3 Cos[3 x]
Plot[y1,{x,0,4 Pi}]
y2=(1+0.5 y1) Cos[50 x]
Plot[y2,{x,0,4 Pi}]
y3=(Abs[y2]+y2)/2
Plot[y3,{x,0,4 Pi},PlotPoints->200]
g1=NFourierTrigSeries[y3,{x,0,4 Pi},6]
Plot[g1,{x,0,4 Pi},PlotPoints->200,
        PlotRange->{0,0.5}]
```

上式で最初の式はフーリエ級数を求めるためのパッケージを開く式である．次の y1 は信号波形，y2 は振幅変調波形，y3 は検波され正方向の波のみの波形である．これを g1 で高調波の次数を含むように x を 6 までフーリエ級数の計算をして図に示した．それぞれの値を図 12.2 の (a)〜(d) に示す．

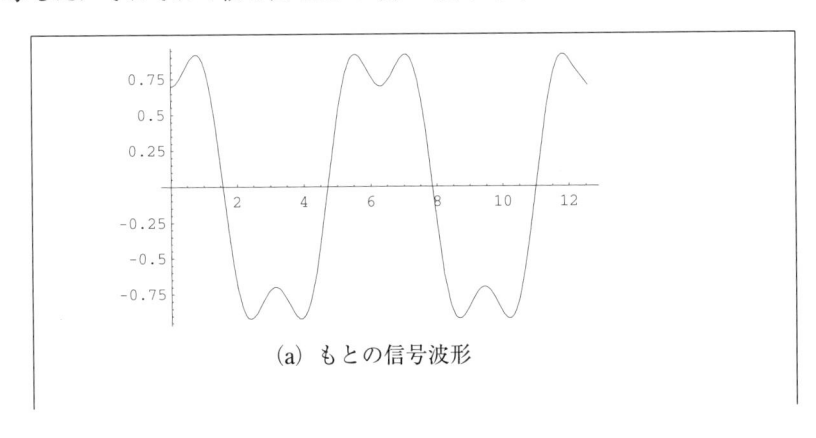

(a) もとの信号波形

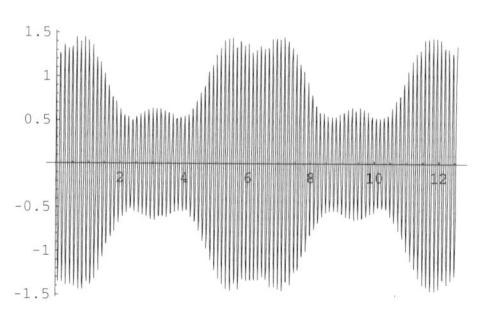

(b) 変調波形

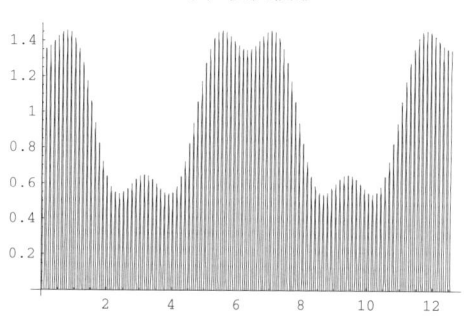

(c) 検波された波形（フィルタなし）

$0.318887 + 0.00020775 \cos[\frac{x}{2}] +$

$0.159993 \cos[x] +$

$0.00015615 \cos[\frac{3x}{2}] -$

$0.00632925 \cos[2x] -$

$0.0000603708 \cos[\frac{5x}{2}] -$

$0.050874 \cos[3x] -$

$4.181380 \times 10^{-16} \sin[\frac{x}{2}] -$

$0.000131263 \sin[x] -$

$1.23897 \times 10^{-15} \sin[\frac{3x}{2}] -$

$0.000191132 \sin[2x] +$

$2.39094 \times 10^{-16} \sin[\frac{5x}{2}] -$

$0.000234309 \sin[3x]$

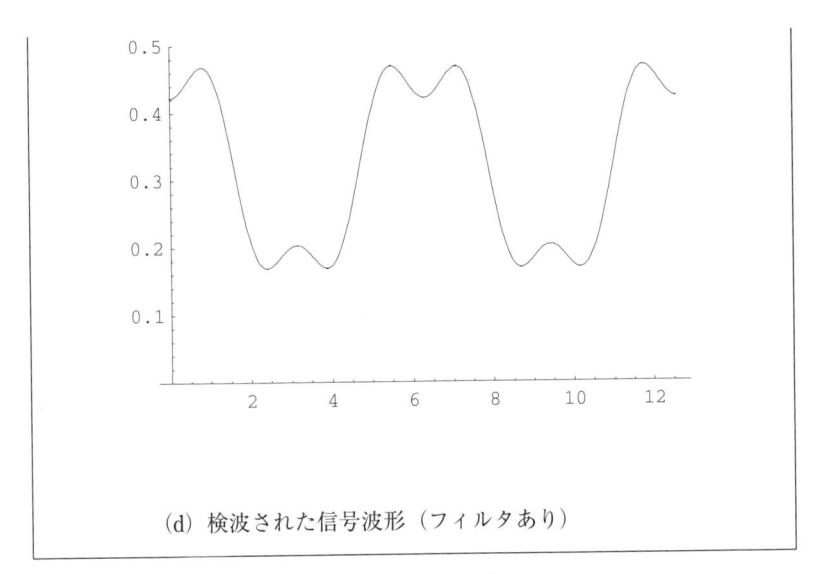

(d) 検波された信号波形（フィルタあり）

図 12.2 振幅変調波の検波

　検波し低域通過フィルタを通すことは，必要とする信号の最高次数の高調波までを通すことで，数式的には波形をフーリエ級数展開し必要次数まで計算すればよい．ここでは6次まで計算したが，これを5次までの計算にすると波形は3次の高調波 $\cos 3x$ を含まなくなるので，もとの波形とは異なる波形となる．この計算でどのくらい高調波を含むかは上の展開式を見ればよく，$\cos$ の1次の項が大きく次いで3次の項が支配的であることが分かる．

12.2　周波数変調波の復調

　周波数変調波は，信号の電圧に比例して搬送波の周波数が変化するように変調しているので，復調にはその逆すなわち周波数が高いほど検波電圧が大きくなるような回路を通す必要がある．これを模式的に図12.3に示す．入力の周波数変調波は周波数に比例して出力が変わる回路（周波数弁別回路）を通したのち，ダイオードで検波すれば信号電圧を取り出すことができる．実際の周波数弁別回路に

はLC共振回路等を用いることが多い．

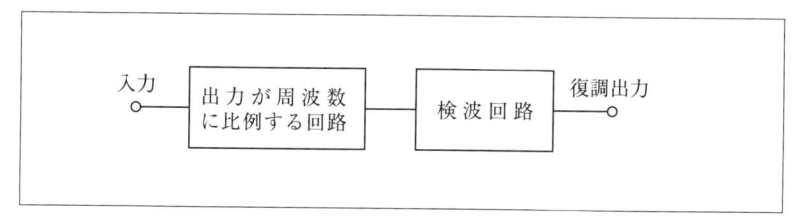

```
           ┌─────────────┐      ┌──────┐
入力 ○────│出力が周波数  │─────│検波回路│────○ 復調出力
           │に比例する回路│      │      │
           └─────────────┘      └──────┘
```

図12.3　周波数変調波の復調

次に，Mathematica を用いて周波数変調の復調を前に述べた方法で行うことにする．

```
<<Calculus`FourierTransform`
y1=Cos[x]-0.3 Cos[3 x]
Plot[y1,{x,0,4 π}]
y2=Cos[10 x+Sin[x]-0.1 Sin[3 x]]
Plot[y2,{x,0.4 π},PlotPoints->50]
y3=((10+Cos[x]-0.3 Cos[3 x]) y2)/(2 π)
Plot[y3,{x,0,4 π},PlotPoints->50]
y4=1/2 (Abs[y3]+y3)
Plot[y4,{x,0,4 π},PlotPoints->50]
g1=NFourierTrigSerirs[y4,{x,0,4 π},6]
Plot[g1,{x,0,4 π}]
```

ここで `y1` は変調信号の波形，`y2` は搬送波 `10 x` を周波数変調するために `y1` を積分した波形，`y3` は周波数変調波 `y2` の振幅を瞬時周波数に比例した値にする計算，`y4` はダイオードによる整流波形の演算，`g1` はフーリエ級数展開を行い `cos` の3次の項まで求める計算で波形を以下の図に示す．

12.2 周波数変調波の復調

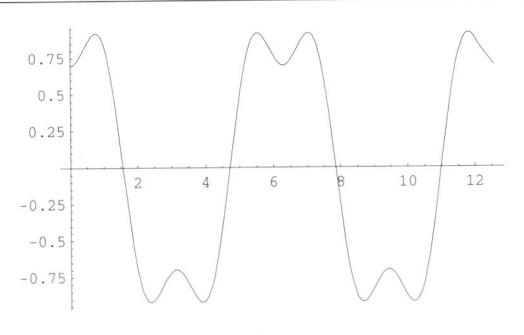

(a) 信号波形

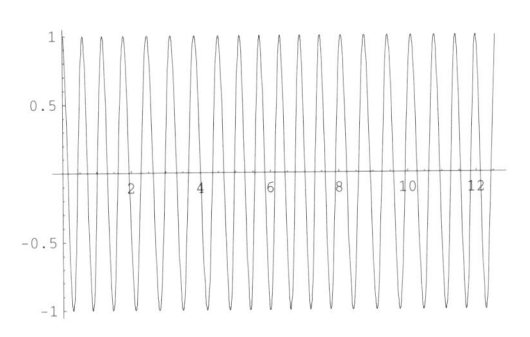

(b) 周波数変調波形

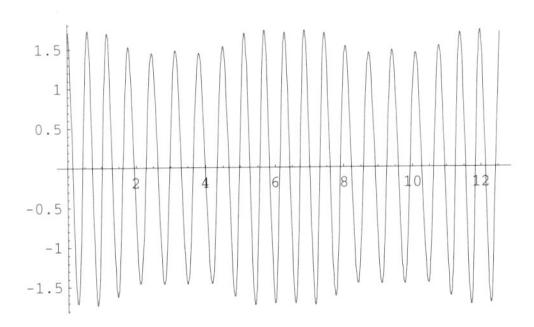

(c) 振幅が周波数に比例した回路を通したあとの波形

(d) 検波波形

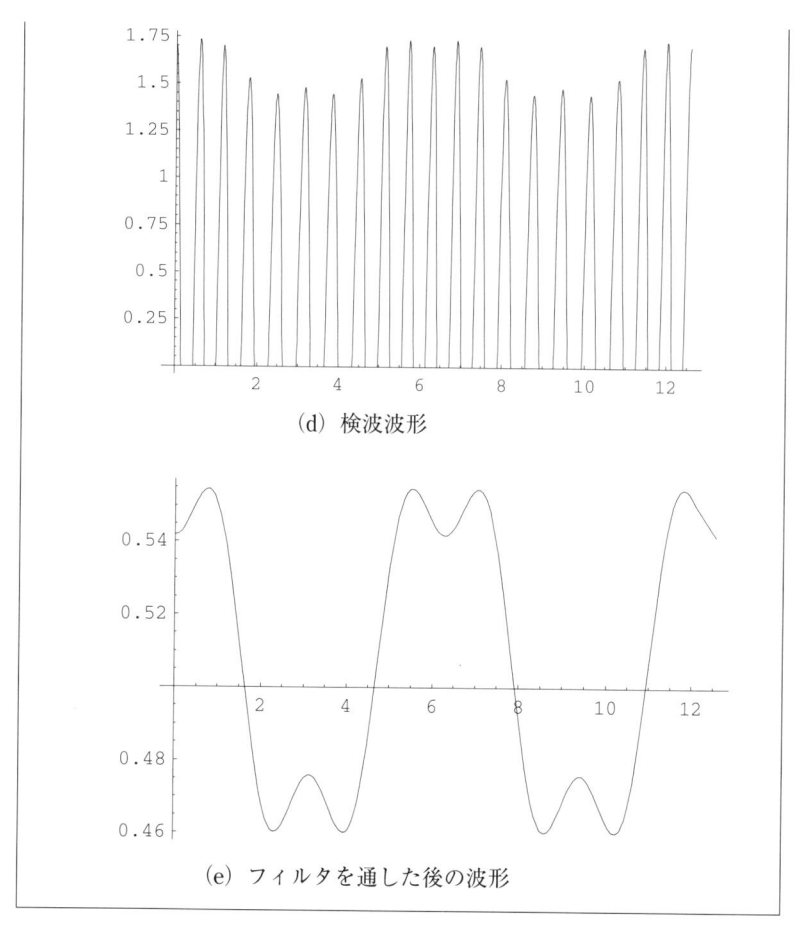

(e) フィルタを通した後の波形

図 12.4　周波数変調波の復調波形

　図 12.4(a)は伝送しようとする変調信号波形で cos の 3 次の高調波を含んでいる．(b)は周波数変調された波であるが，周波数の変化が少ないので図でははっきり周波数が変化しているかどうかは分からない．(c)は周波数変調波を出力電圧が入力の周波数に比例する回路を通したあとの波形で，周波数変調波が振幅変調波に変換されている．(d)は振幅変調に変換された波の検波波形でフィルタが無いときの状態示す．(e)は検波波形を低域通過フィルタに通すことにより搬送

波成分等の高い周波数を除去したあとの波形で，伝送しようとしたもとの波形が復元されている．

12.3 符号誤り率

パルス符号変調方式(PCM)では，受信したパルスの1,0を誤り無く識別できれば符号誤り率は0であるが，実際の通信では熱雑音や干渉雑音などで符号の誤りが生ずる．PCM方式にも種々の変調方式があるが，ここでは，電圧のある無しで識別するユニポーラ(単極)符号について考える．ユニポーラの符号は図12.5に示すように振幅Aのとき1を，振幅零のとき0を示すことにする．

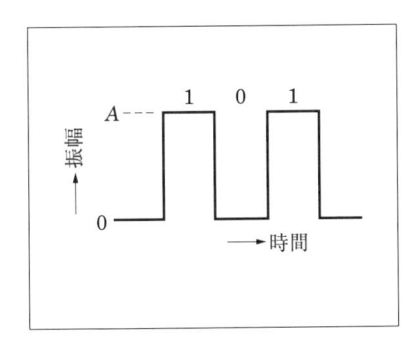

図12.5 ユニポーラ符号

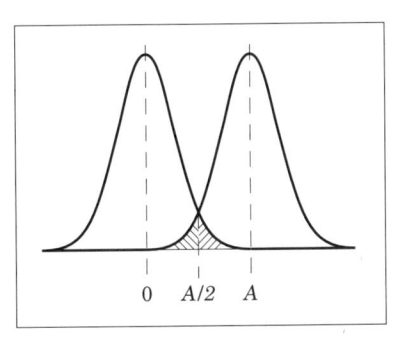

図12.6 ユニポーラ符号の確率密度関数
(斜線の部分は誤りとなる領域)

今，この符号の1か0を識別するしきい値を振幅Aの1/2すると，1の符号を0と誤る割合は関数$P_1(x)$を$-\infty$から$A/2$まで積分した値であり，0の符号を1と誤る割合は関数$P_0(x)$を$A/2$から∞まで積分した値である．雑音電圧をガウス分布で表し，符号1と0の出現確率を等しいとすると全体の誤り率P_eは以下の式のようになる．

$$P_e = \frac{1}{2\sqrt{2\pi}\sigma}\int_{A/2}^{\infty}\exp(-\frac{x^2}{2\sigma^2})dx + \frac{1}{2\sqrt{2\pi}\sigma}\int_{-\infty}^{A/2}\exp(-\frac{(x-A)^2}{2\sigma^2})dx \qquad (12.1)$$

ここで，$\frac{x^2}{2\sigma^2}=u^2$, $\frac{(x-A)^2}{2\sigma^2}=v^2$とおけば上式は以下のように変形される．

$$P_e = \frac{1}{2\sqrt{\pi}} \int_{A/2\sqrt{2}\sigma}^{\infty} e^{-u^2} du + \frac{1}{2\sqrt{\pi}} \int_{-\infty}^{-A/2\sqrt{2}\sigma} e^{-v^2} dv \tag{12.2}$$

両方の確率密度関数は同じ形であるので上式は以下のようになる.

$$\begin{aligned} P_e &= \frac{1}{\sqrt{\pi}} \int_{A/2\sqrt{2}\sigma}^{\infty} e^{-u^2} du \\ &= \frac{1}{2} \, erfc\left[\frac{1}{2\sqrt{2}\sigma}\right] \end{aligned} \tag{12.3}$$

ここで,

$$erfc(x) = \frac{2}{\sqrt{\pi}} \int_{x}^{\infty} e^{-y^2} dy \tag{12.4}$$

は補誤差関数といわれる関数である.

図 12.5 のパルスの振幅値は A で,雑音の実効値は σ であるので A/σ に対する誤り率を計算する.計算式は以下のとおりである.

```
<<Graphics`Graphics`
y1=10^(z/20)
    y2=0.5 Erfc[y1/(2 2^0.5)]
    y3=LogPlot[y2,{z,8,22},Frame->True,
  FrameTicks->{
    Automatic,{{10^-0,"10^-0"},{10^-2,
        "10^-2"},{10^-4,"10^-4"},{10^-6,
        "10^-6"},{10^-8,"10^-8"},{10^-10,
        "10^-10"},{10^-12,"10^-12"}}},
      GridLines->{Automatic,{10^-2,10^-4,10^-6,10^
        -8,10^-10}},
PlotRange->{{7.99,22},{10^-12.01,10^0}},
    FrameLabel->{"A/σ" "(dB)",Error rate},AspectRatio
        ->1.5]
```

計算式は少し複雑であるが，これは図を見易くするためいろいろ付けたためである．計算結果は図 12.7 に示すような図になった．通常求められる誤り率 10^{-10} を得るためには A/σ は 22 dB 程度必要なことがこの図から分かる．

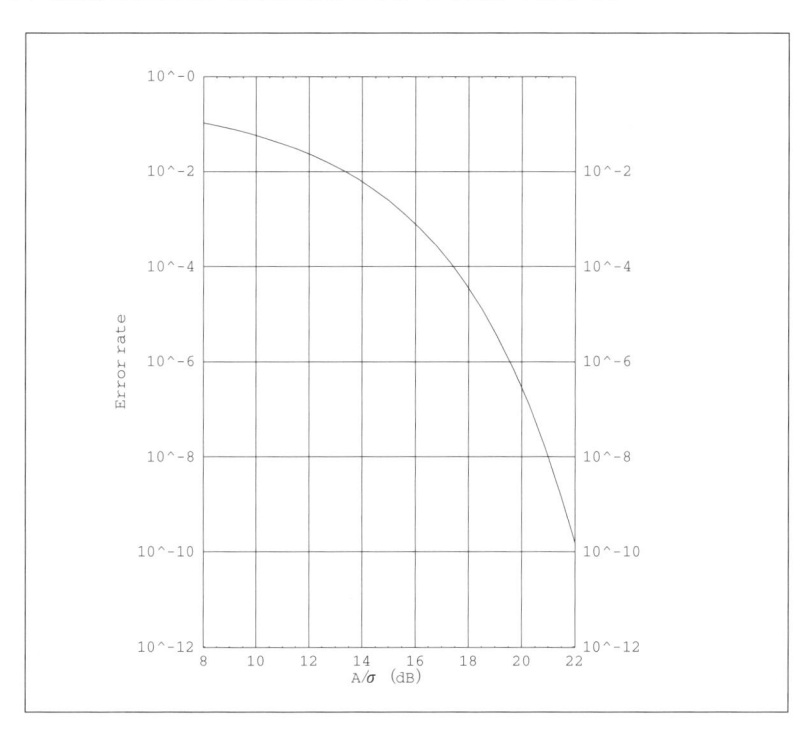

図 12.7　A/σ と誤り率の関係（ユニポーラ符号）

念のため，計算式の説明を以下に少し述べる．最初の `y1` は $z=A/\sigma$ を dB で表した値を真数に変換する式である．`y2` は誤差を求める式である．`y3` は式を計算し図に表す式であり，これが複雑になっている．ごく簡単にどのような図になるかを求めるのであれば `Frame` 以下の式は無くてもよい．

さて，`Frame->True` は図の周りのフレームを描くことを表し，`FrameTicks` 以下の式は，x 軸は `Automatic` に表し，y 軸は 10^{-0} から 10^{-12} まで数値の位置に目盛りをする式である．

次の GridLine の式は x 軸は Automatic に図中に目盛線を入れ，y 軸は 10^{-2} から 10^{-10} まで目盛線を入れることを表している．

FrameLabel は x 軸に A/σ (dB)を入れ，y 軸には Error Rate と入れることを示している．なお，"A/σ" "(dB)" の " " はこの表現のまま図に入れることを示しており，これが無いと分数形式に表示されたり，括弧が表示されなくなる．これは FrameTicks の中で数値の表現にも用いられている．最後の AspectRatio は図の縦横比を決めるもので，AspectRatio の数値が大きくなると縦長になる．この指定が無いと縦横の比が所謂黄金比(約 $5:8$)で表される．

演習問題

12.1 両側波帯振幅変調の復調で，CR フィルタの時定数が大きくなると検波波形はどのようになるか．

12.2 受信信号が $s(t)\cos\omega t$ で表されるとき，受信ローカル信号 $\cos(\omega t+\theta)$ で同期検波を行う場合に，θ が 0 と $\pi/4$ では受信波形にどのような差がでるか．$s(t) = \cos x - 0.3\cos 3x$，$\cos\omega t = \cos 50 x$ とおいて受信波形を求めよ．

12.3 ユニポーラ（単極）符号と同一の誤り率を得るのに，ポーラ（両極）符号（信号 1 に対して A，信号 0 に対して $-A$ を割り当てる）では何 dB の差があるか．

13
無線通信

13.1 アンテナ

(1) 微小ダイポールアンテナ

図 13.1 に示すように z 軸上にある微小ダイポールアンテナの電磁界は式(13.1)で表される．ここで，l はダイポールの長さ，I は電流の振幅である．

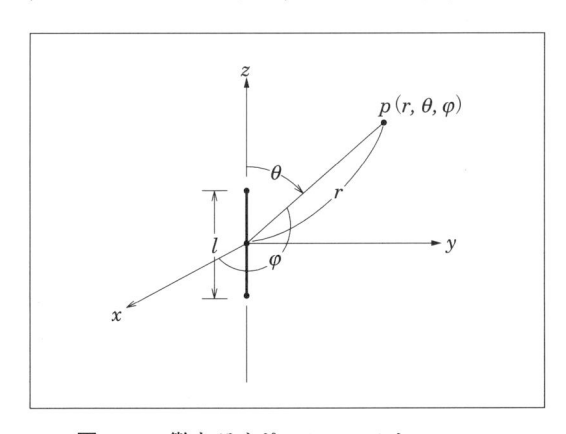

図 13.1 微小ダイポールアンテナ

13 無線通信

$$E_\theta = \frac{j60\pi l}{\lambda} \frac{e^{-jkr}}{r} \sin\theta$$
$$H_\varphi = \frac{jIl}{2\lambda} \frac{e^{-jkr}}{r} \sin\theta$$

(13.1)

このアンテナの電界の θ 方向成分 E_θ の指向特性を求めるには，下式に示す極座標描画を用いて描くのがよく，その結果は図 13.2 のようになる．ただし，t は式（13.1）の θ を表し，角度に関係ない項は省略した．

```
<<Graphics`Graphics`
PolarPlot[Abs[Sin[t]],{t,0,2 Pi}]
```

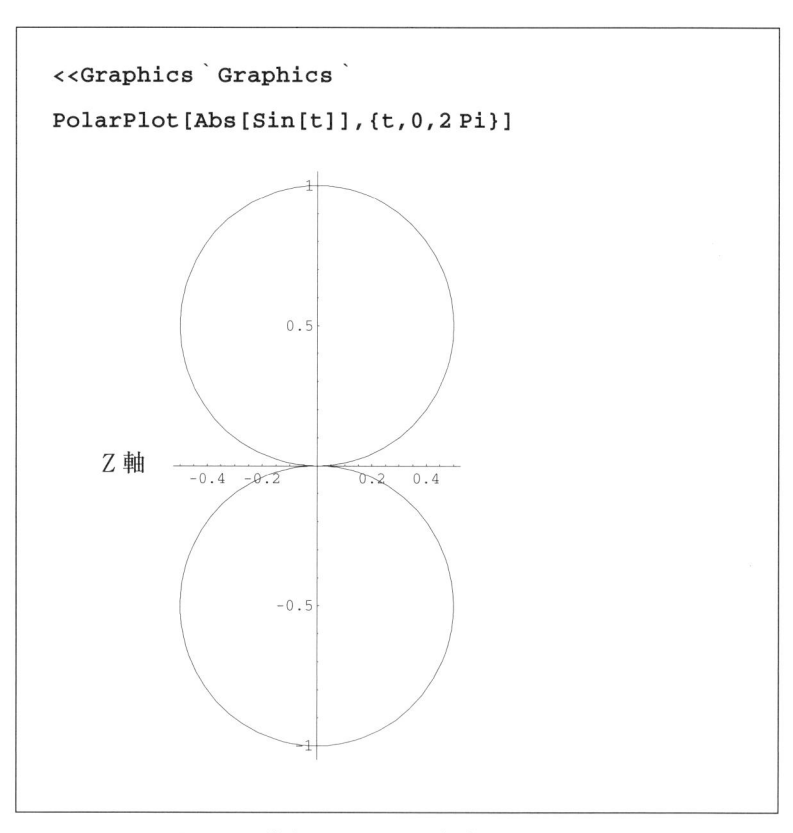

図 13.2 微小ダイポールの指向特性

なお式(13.1)で，角度 θ は図 13.2 では z 軸の負の方からの角度を表し，Mathematica の計算式の角度 t は図 13.2 では z 軸の正の方からの角度を表しているので注意を要する．なお，Mathematica の計算式で **Abs[Sin[x]]** としたのは，絶対値を取らないと **sin** t の値が負になり，図 13.2 で z 軸の下側の図形が描けなくなるからである．

(2) 線状アンテナ

次に図 13.3 に示すような実用的な線状アンテナの放射特性を求めよう．

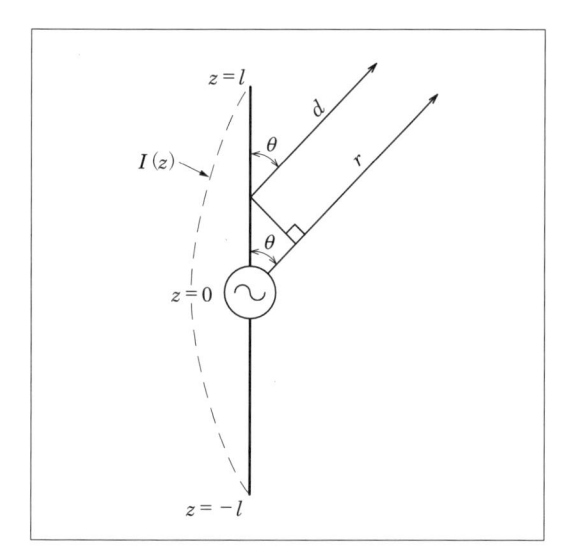

図 13.3 線状アンテナからの放射

線状アンテナ上の電流分布を，

$$I(z) = I_m \sin k(l - |z|) \tag{13.2}$$

とする．ただし，I_m は電流の振幅，$k = 2\pi/\lambda$ である．この電流素による距離 d のところの放射電界 dE_θ は式 (13.1) を用いて，

$$dE_\theta = j60\pi I(z) \frac{e^{-jkd}}{\lambda d} \sin\theta \, dz \tag{13.3}$$

となる．ただし，
$$d = r - z\cos\theta \tag{13.4}$$
である．式（13.3）に式（13.2）および（13.4）を代入して積分すれば θ 方向の電界 E_θ は次のようになる．

$$E_\theta = j60\pi I_m \frac{e^{-jkr}}{r} \cdot \frac{\cos(kl\cos\theta) - \cos kl}{\sin\theta} \tag{13.5}$$

実用的によく用いられている半波長アンテナでは，$2l=\lambda/2$ とおき計算すると下式を得る．

$$E_\theta = j60\pi I_m \frac{e^{-jkr}}{r} \cdot \frac{\cos\left[\dfrac{\pi}{2}\cos\theta\right]}{\sin\theta} \tag{13.6}$$

アンテナ全長 $2l$ を 0.2λ，0.5λ および λ としたときの放射電界を，式（13.5）により極座標表示を用いて片側のみの計算した結果を以下に示す．角度に関する計算であるので，関係ない項は省略した．

```
<<Graphics`Graphics`
y1=(Cos[0.2 Pi Cos[t]]-Cos[0.2 Pi])/Sin[t]
y2=(Cos[0.5 Pi Cos[t]]-Cos[0.5 Pi])/Sin[t]
y3=(Cos[ Pi Cos[t]]-Cos[ Pi])/Sin[t]
PolarPlot[{y1,y2,y3},{t,0,2 Pi},AspectRatio->
        Automatic]
```

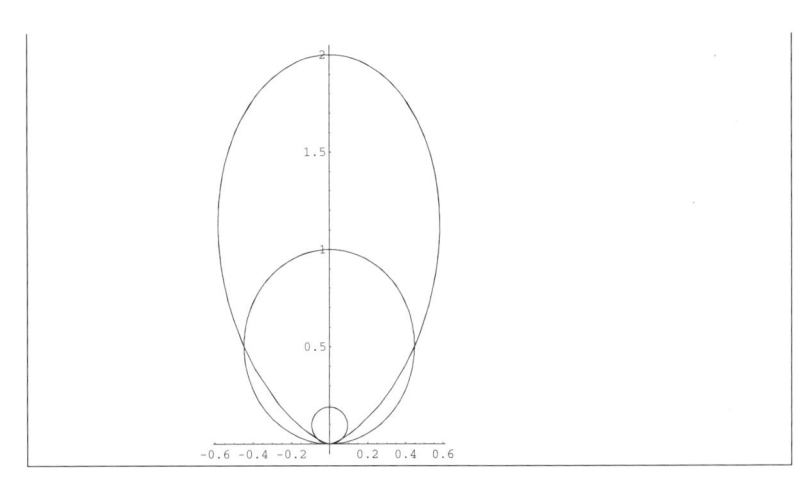

図 13.4 線状アンテナの放射パターン（片側のみ表示）

この放射パターンの図からも分かるように，アンテナの全長が波長に等しいときの放射パターンが鋭くなっていることが分かる．これは，アンテナ上の電流が同相で給電されており，したがって放射電界が同相で加わりあって電界が強くなったためである．アンテナ長をある程度以上長くすれば今度は逆相の電界ができ，かえって利得が低下するので注意を要する．

(3) 開口面アンテナ

パラボラアンテナなどの開口面アンテナの指向特性はアンテナ開口面上の電界分布により計算できる．いま図 13.5 のような開口面アンテナを考え開口面上の座標を x', y' とし，アンテナ開口面から充分離れた正面方向の電界 $E(x, y, R)$ は次式のように表される．

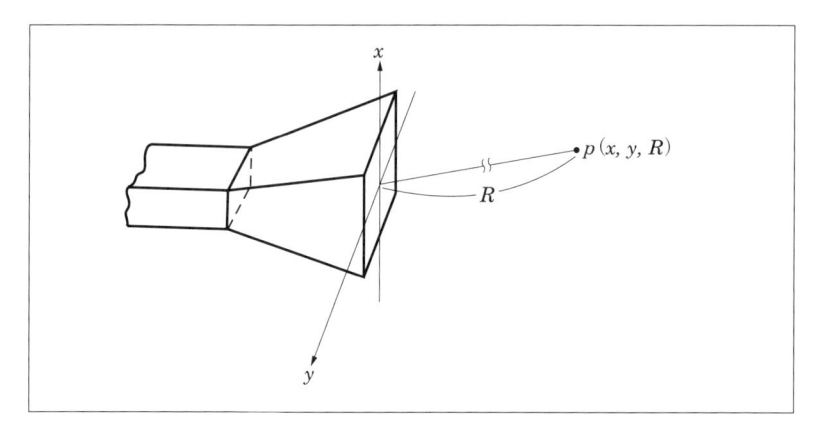

図 13.5　開口面アンテナ

$$E(x,y,R) = j\frac{e^{-jkr}}{\lambda R}\int_S E_i(x',y',0)\,dS \tag{13.7}$$

ここで，S は開口面を表している．今，簡単のため開口面上の電界分布が一様なアンテナを考え，図 13.6 に示すようにその中心から下の部分に一様な着雪があるような場合のアンテナ指向特性の変化を計算する．着雪による位相変化を $\Delta\beta$ とすると電界 E は近似的に下式のように表される．

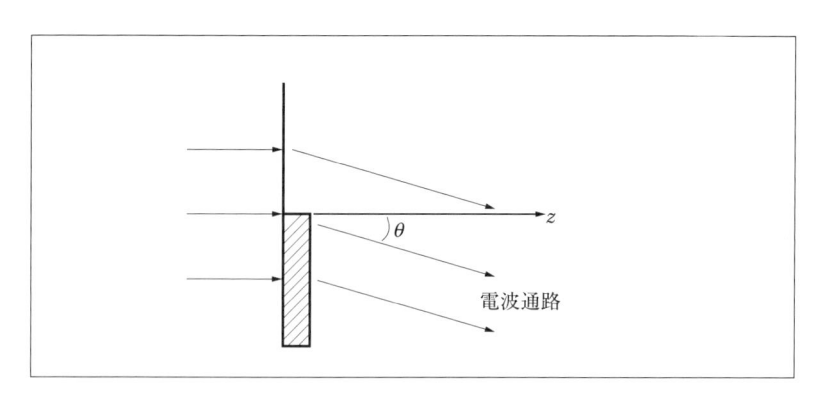

図 13.6　着雪などによる指向特性の変化

13.1 アンテナ

$$E(x, y, R) = \frac{jE_0 e^{-jk_0 R}}{\lambda R} \left\{ \int_{-a}^{0} e^{-j(k_0 x \sin\theta + \Delta\beta)} dx + \int_{0}^{a} e^{-jk_0 x \sin\theta} dx \right\}$$
$$= \frac{-E_0 e^{-jk_0 R}}{\lambda R k_0 \sin\theta} \left[\left\{ e^{-j\Delta\beta} - e^{j(k_0 a \sin\theta - \Delta\beta)} \right\} + \left\{ e^{-jk_0 a \sin\theta} - 1 \right\} \right] \tag{13.8}$$

ここで，具体的例として周波数 6 GHz，a=1.5 m（直径 3 m のパラボラアンテナに類似）の指向特性を計算してみる．k_0 は空間の位相定数で k_0=2π/λ=40π である．雪の比誘電率を 1.2 と仮定し，5 cm の厚さで均一に着雪したとすると着雪による位相の変化 Δβ は 0.6 rad となる．そこで Δβ を 0, 1, 2 rad としてアンテナパターンを計算した．計算式は下式のようになり，**y4** は着雪の無いときの計算で，**y5** で振幅の絶対値を取っている．**y6** は 1 rad の位相変化，**y8** は 2 rad の着雪による位相変化があるときのアンテナ指向特性の計算である．なお，下式では指向特性に関係ない項は省略した．

```
y4=(1/( Sin[t])) (
    Exp [-0 I]-Exp[(40 Pi 1.5 Sin[t]-0 )I]+
    Exp [-(40 Pi 1.5 Sin[t]) I]-1);
y5=Abs[y4];
y6=(1/( Sin[t])) (
    Exp [-1 I]-Exp[(40 Pi 1.5 Sin[t]-1 )I]+
    Exp [-(40 Pi 1.5 Sin[t]) I]-1);
y7=Abs[y6];
y8=(1/( Sin[t])) (
    Exp [-2 I]-Exp[(40 Pi 1.5 Sin[t]-2)I]+
    Exp [-(40 Pi 1.5 Sin[t]) I]-1);
y9=Abs[y8];
Plot[{y5,y7,y9},{t, -0.04,0.04},
    PlotStyle->{Dashing[{0}],Dashing[{0.01}],Dashing
        [{0.02}]}]
```

計算結果を図13.7に示す．実線は着雪の無いときの特性で，着雪により位相変化があると指向特性が中心から次第にずれ利得が低下し，サイドローブが次第に大きくなってくるのがよく分かる．

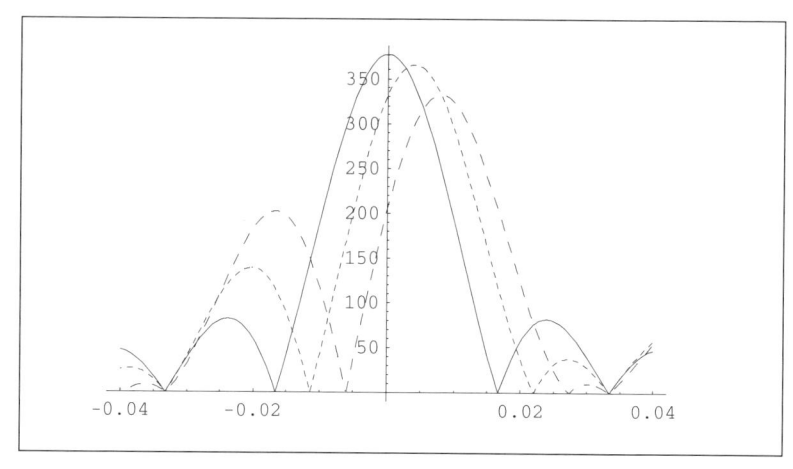

図13.7 着雪などによるアンテナ指向特性の変化

13.2 電波伝搬

（1）損失媒質による電波の減衰

損失がある媒質中での平面波の電波の伝搬では，無損失中の平面波の伝搬を考えるときの誘電率に損失の項を加えて求めるのが一般的である．今媒質の誘電率を複素誘電率で表し以下のように置く．

$$\varepsilon - j\frac{\sigma}{\omega} \tag{13.9}$$

ここで，ε は複素誘電率の実数部，σ は導電率，ω は角周波数である．このような損失のある媒質中の固有インピーダンスは次式で表され，固有インピーダンス

$$Z_0 = \sqrt{\frac{\omega\mu}{\omega\varepsilon - j\sigma}} \tag{13.10}$$

は複素数となり，電界と磁界の間には位相差が生ずる．

また，伝搬定数も複素数となり下式のように表される．

$$\alpha = \omega\sqrt{\mu\varepsilon}\sqrt{\frac{1}{2}\left[\sqrt{1+\left[\frac{\sigma}{\omega\varepsilon}\right]^2}-1\right]} \tag{13.11}$$

$$\beta = \omega\sqrt{\mu\varepsilon}\sqrt{\frac{1}{2}\left[\sqrt{1+\left[\frac{\sigma}{\omega\varepsilon}\right]^2}+1\right]} \tag{13.12}$$

ここで α は減衰定数，β は位相定数である．この式は複雑であるが，$\sigma/\omega\varepsilon$ の値が1より充分大きいか小さい場合には簡略化されそれぞれ次式のようになる．
$(\sigma/\omega\varepsilon)^2 \ll 1$ の場合には，

$$\alpha = \frac{\sigma}{2}\sqrt{\frac{\mu}{\varepsilon}} \tag{13.13}$$

$$\beta = \omega\sqrt{\mu\varepsilon}\left\{1+\frac{1}{8}\left[\frac{\sigma}{\omega\varepsilon}\right]^2\right\} \tag{13.14}$$

$(\sigma/\omega\varepsilon)^2 \gg 1$ の場合には，

$$\alpha = \beta = \sqrt{\frac{\omega\mu\sigma}{2}} \tag{13.15}$$

となる．この簡略化された式で計算できない範囲では式 (13.11) および (13.12) で計算しなければならない．具体的な例として水中の電波の減衰を求める．水の導電率 σ は 1×10^{-3}，比誘電率は約 80 であるからこれらを式に入れ次のような演算を行う．

```
<<Graphics`Graphics`
s=10^(-3)
w=2 Pi f1 10^3
a1=(w (4 Pi 10^(-7) 80 10^(-9)/(36 Pi))^0.5/
    (2^0.5))
b1=((s/(w 80 (10^(-9)/(36 Pi))))^2+1)^0.5
c1=8.686 a1 ((b1)-1)^0.5
```

```
LogLinearPlot[c1,{f1,10,10000},PlotRange-
>{0.04,0.20},GridLines->Automatic,
Frame->True,FrameLabel->{"frequency(kHz)",
"Attenuation(dB/m)"}]
```

その結果は，図13.8のように横軸を対数に，縦軸をデシベルのリニアスケールで表した．このように広い周波数範囲を取り扱う場合には周波数軸を対数で表示すると分かり易いのでよく行われる．

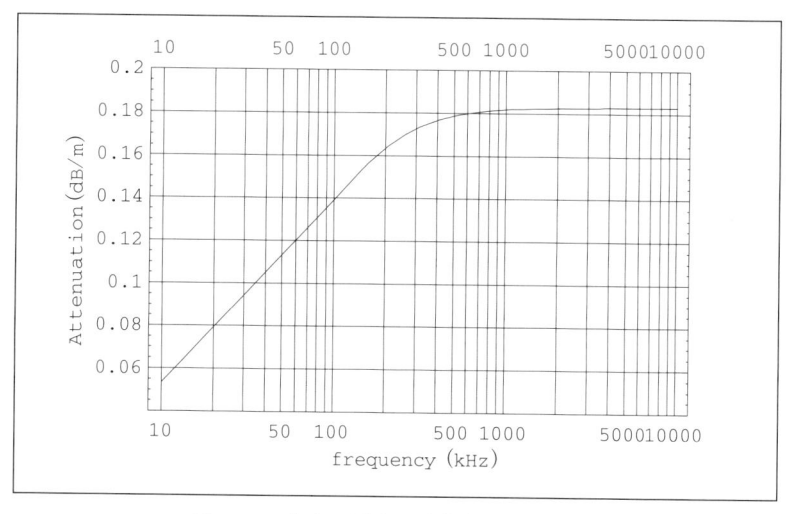

図13.8 水中の電波の減衰定数

次に位相定数を求めてみよう．計算式を以下に示すが減衰定数の式とよく似ているので注意して欲しい．

```
<<Graphics'Graphics'
s=10^(-3)
w=2 Pi f1 10^3
a2=(w(4 Pi 10^(-7) 80 10^(-9)/(36 Pi))^0.5/
```

```
        (2^0.5))
b2=((s/(w 80(10^(-9)/(36 Pi))))^2+1)^0.5
c2=8.686 a2 ((b2)+1)^0.5
LogLinearPlot[c2,{f1,10,10000},PlotRange-
>All,GridLines->Automatic,
Frame->True,FrameLabel->{"Frequency(kHz)",
"Phase(rad/m)"}]
```

計算結果は以下の図 13.9 のようになる．

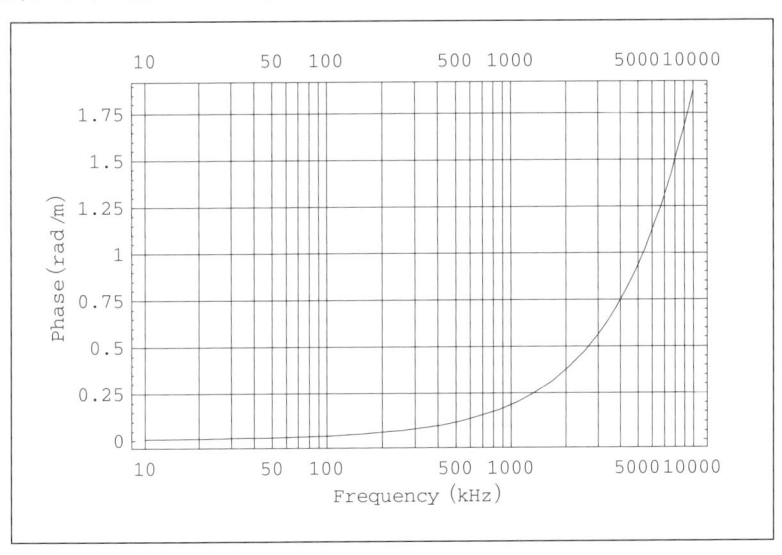

図 13.9 水中の電波の位相定数

(2) 平面波の反射と屈折

図 13.10 に示すように媒質 I から媒質 II へ平面波の電波が入射する場合の特性について考える．ここで，媒質 I の定数を $\varepsilon_1, \mu_1, \sigma_1$，媒質 II の定数を $\varepsilon_2, \mu_2, \sigma_2$ とし，入射角 θ_1，屈折角 θ_2，反射角 θ_3 とすると，各角の間には次のような関係がある．入射角と反射角は等しいから，

(a) 入射電界が入射面に平行   (b) 入射電界が入射面に直角

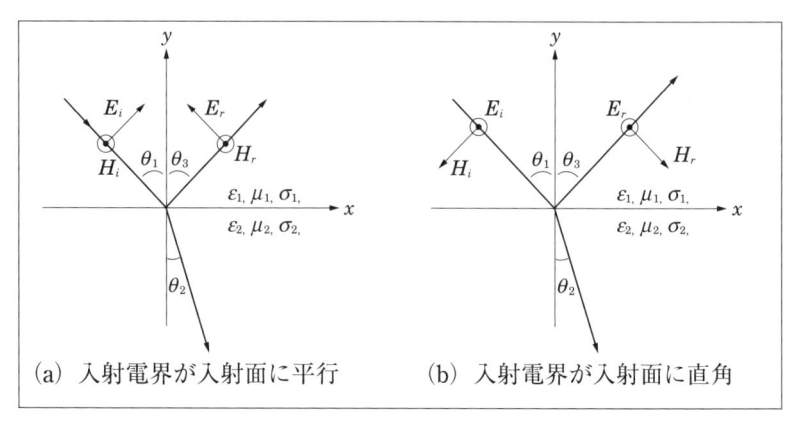

図 13.10 境界面における平面波の反射，屈折

$$\theta_1 = \theta_3 \tag{13.16}$$

となり，スネルの法則より入射角と屈折角の間には，

$$n_1 \sin\theta_1 = n_2 \sin\theta_2 \tag{13.17}$$

が成立する．

反射係数については入射波の電界 E_i が図 13.10(a) に示すように入射面内にある場合（TM 波又は P 波とも言う）にはその反射係数 R_1 は，

$$R_1 = \frac{\mu_1 n_2 \cos\theta_1 - \mu_2 \sqrt{n^2 - \sin^2\theta_1}}{\mu_1 n_2 \cos\theta_1 + \mu_2 \sqrt{n^2 - \sin^2\theta_1}} \tag{13.18}$$

と表される．一方，入射波の電界の方向が図 13.11(b) に示すように入射面と直角の場合（TE 波又は S 波とも言う）にはその反射係数 R_2 は，

$$R_2 = \frac{\mu_2 \cos\theta_1 - \mu_2 \sqrt{n^2 - \sin^2\theta_1}}{\mu_2 \cos\theta_1 + \mu_2 \sqrt{n^2 - \sin^2\theta_1}} \tag{13.19}$$

と表される．ここで n は ε_1 に対する相対屈折率で，下式で与えられ媒質に損失があるときは複素数となる．

$$n = \sqrt{\frac{\mu_2}{\mu_1}} \sqrt{\frac{\varepsilon_2 - j(\sigma_2/\omega)}{\varepsilon_1 - j(\sigma_1/\omega)}} \tag{13.20}$$

ここで，一例として媒質Ⅰが空気，媒質Ⅱが水に相当する時の反射係数の計算を行う．すなわち，$\varepsilon_{r1}=1$, $\varepsilon_{r2}=10$（比誘電率），$\sigma_1=0$, $\sigma_2=10^{-3}\,S/m$, $\mu_1=\mu_2$ とし計算を行う．

まず，電界が入射面に平行な場合について，式 (13.18) から入射角に対する反射係数 R_1 の絶対値を，周波数 1 MHz と 10 MHz について計算する．

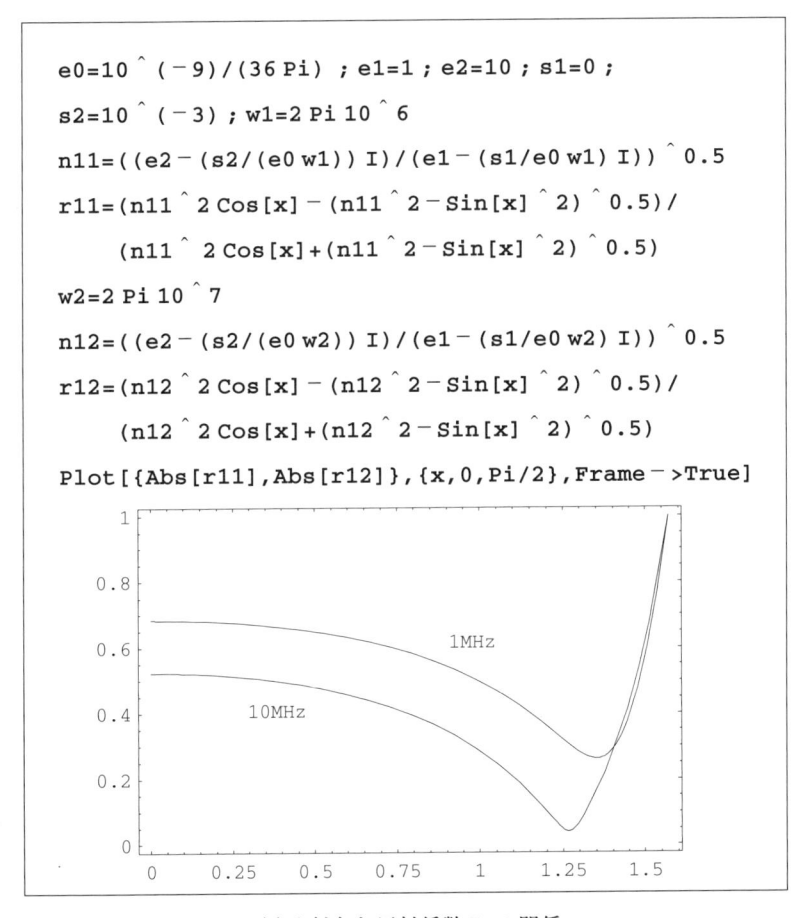

```
e0=10^(-9)/(36 Pi) ; e1=1 ; e2=10 ; s1=0 ;
s2=10^(-3) ; w1=2 Pi 10^6
n11=((e2-(s2/(e0 w1)) I)/(e1-(s1/e0 w1) I))^0.5
r11=(n11^2 Cos[x]-(n11^2-Sin[x]^2)^0.5)/
    (n11^2 Cos[x]+(n11^2-Sin[x]^2)^0.5)
w2=2 Pi 10^7
n12=((e2-(s2/(e0 w2)) I)/(e1-(s1/e0 w2) I))^0.5
r12=(n12^2 Cos[x]-(n12^2-Sin[x]^2)^0.5)/
    (n12^2 Cos[x]+(n12^2-Sin[x]^2)^0.5)
Plot[{Abs[r11],Abs[r12]},{x,0,Pi/2},Frame->True]
```

図 13.11 (a) 入射角と反射係数 R_1 の関係

計算結果を図 13.11(a)に示す．計算結果から周波数 1 MHz と 10 MHz のどちらも反射係数が最低となる入射角が存在することがわかる．この計算例では，媒質

Ⅱに損失がある場合であるが，損失が無い場合すなわち $\sigma=0$ のときは式 (13.18) と式 (13.20) より，

$$\tan\theta_1 = n \tag{13.21}$$

のとき $R_1=0$ となる．これは反射の無い事を示しこのような入射角をブリュースタ角 (brewster angle) という．先の計算例で $\sigma_2=0$ としてこの入射角を求めると $\theta_1=1.26$ rad （72.5度）となり，損失のある場合と近い値となっている．

次に入射波の電界が入射面と直角の場合の，反射係数の絶対値を式 (13.19) より求める．

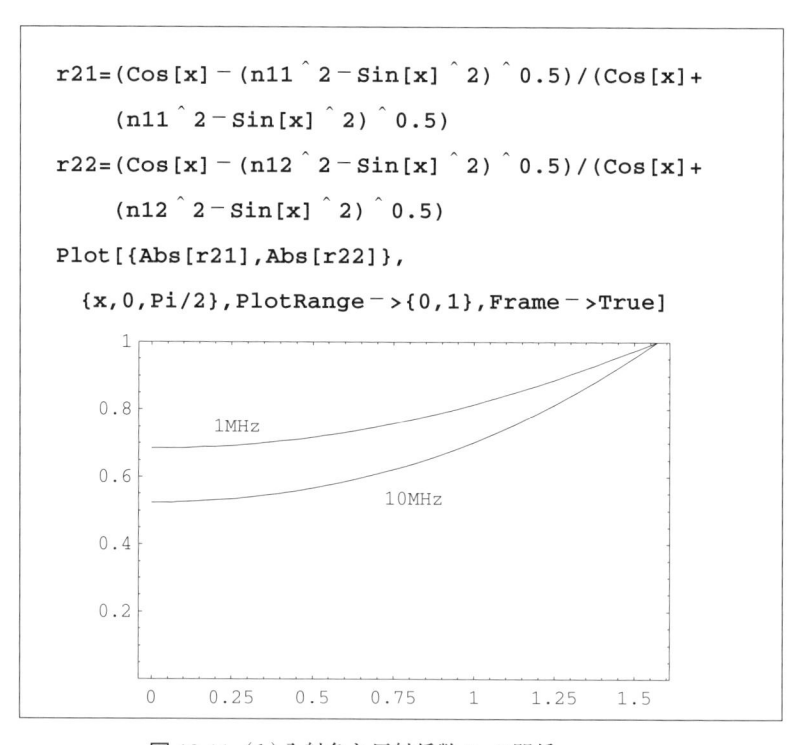

```
r21=(Cos[x] - (n11 ^ 2 - Sin[x] ^ 2) ^ 0.5)/(Cos[x]+
    (n11 ^ 2 - Sin[x] ^ 2) ^ 0.5)
r22=(Cos[x] - (n12 ^ 2 - Sin[x] ^ 2) ^ 0.5)/(Cos[x]+
    (n12 ^ 2 - Sin[x] ^ 2) ^ 0.5)
Plot[{Abs[r21],Abs[r22]},
  {x,0,Pi/2},PlotRange->{0,1},Frame->True]
```

図13.11 (b) 入射角と反射係数 R_2 の関係

反射係数 R_2 は入射角が大きくなると増加し，先ほどの R_1 のように反射係数が最低になる入射角は存在しない．

また，n が実数で n<1 になると入射角 θ_1 が $\sin \theta_1 > n$ を満足するときに反射係数 $|R_1| = |R_2| = 1$ となり全反射する．

次に透過波については，R_1 および R_2 に対応する透過係数 T_1 および T_2 はそれぞれ下式で表される．なお，透過および反射については次の章でも述べるので参考にされたい．

$$T_1 = \frac{2\mu_2 n \cos\theta_1}{\mu_1 n^2 \cos\theta_1 + \mu_2 \sqrt{n^2 - \sin^2\theta_1}} \tag{13.22}$$

$$T_1 = \frac{2\mu_2 n \cos\theta_1}{\mu_1 \cos\theta_1 + \mu_1 \sqrt{n^2 - \sin^2\theta_1}} \tag{13.23}$$

演習問題

13.1 微小ダイポールアンテナを図 13.1 の z 軸上に 4 個を λ/2 間隔で並べたときの指向特性を求めよ．（参考文献 7 の p.62 参照）

13.2 開口面アンテナで面上の電界分布が一様であると仮定したときの放射パターン，および下半分からの放射の位相が π rad 遅れるときのアンテナの放射パターンを求めよ．ただし，周波数 6 GHz，アンテナの縦方向長さ 4 m，開口面電界分布は一様と仮定する．

13.3 乾燥した大地（σ = 10⁻⁴ S/m, ε_r = 4）中を伝搬する電波の減衰定数（dB/m）を周波数 1 kHz～1 MHz の範囲で求め図示せよ．ただし，グラフは横軸対数（周波数），縦軸線形（減衰定数）とする．

14

光ファイバ通信

光ファイバ通信は，幹線伝送路から LAN などまで非常に広く用いられている．この章では，光ファイバ通信に関する幾つかの例題を解説する．

14.1 光の屈折

光も電磁波の一種であり，反射，屈折は電波と同様の法則に従うが，一般に対象とする物体と比較して波長が短いので取り扱い上多少異なることもある．

反射についてはすでに前章で述べたので，ここでは屈折について述べる．図 14.1 に示すように媒質 II の中にある点 P_2 から出た光は媒質 I の点 P_1 にどのような通路で到達するであろうか．すなわち，点 P_1 で人が例えば水中にある光源 P_2 から出た光をどのような方向からくる光として見るかという事である．勿論，この問題は点 P_1 から点 P_2 へ光がどのような通路を通って伝搬するかという事と同じである．

14.1 光の屈折

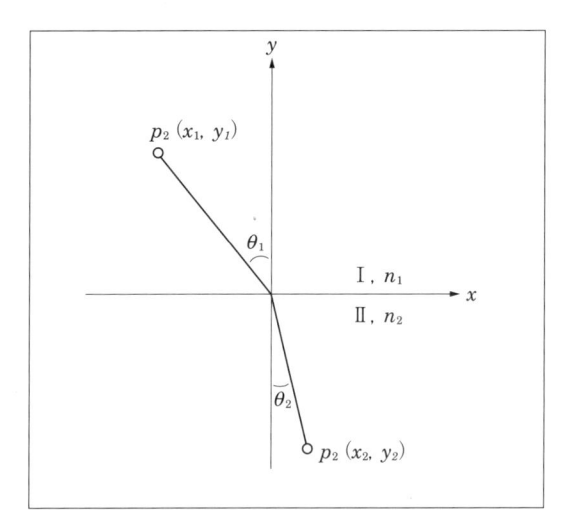

図 14.1 媒質の境界面を通る光の通路

点 P_1 から点 P_2 への光の伝搬通路は無限に考えられるが，以下に具体的に数値を与えて計算を行う．P_1 の座標を $x_1=0$, $y_1=1$, P_2 の座標を $x_2=2$, $y_2=3$ とし，媒質Iの屈折率 $n_1=1$，媒質IIの屈折率 $n_2=2$ とし，伝搬通路による伝搬時間を求める．光が媒質Iと媒質IIの境界面を通る座標を x, $y=0$ として x の位置による伝搬時間 t_1 を計算する．

```
x1=0 ; y1=1 ; x2=2 ; y2=3 ; n1=1 ; n2=2 ; c=3 10 ^ 8
t1=n1 (x ^ 2+y1 ^ 2) ^ 0.5/c+n2 ((x2－x) ^ 2+y2 ^ 2) ^ 0.5/c
Plot[t1,{x,0,3}]
t2=D[t1,x]
Plot[t2,{x,0,3}]
FindRoot[t2 10 ^ 9==0,{x,1}]
```

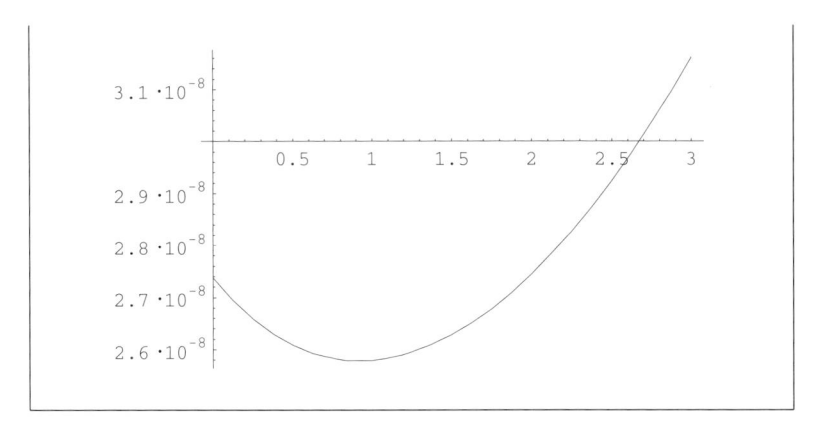

図 14.2　境界面の位置による伝搬時間

伝搬時間は光が通過する境界面の位置により図 14.2 のように最小時間があることが分かる．具体的に最小時間になる位置 x を求めるために図 14.2 の曲線を微分して図 14.3 に表示する．

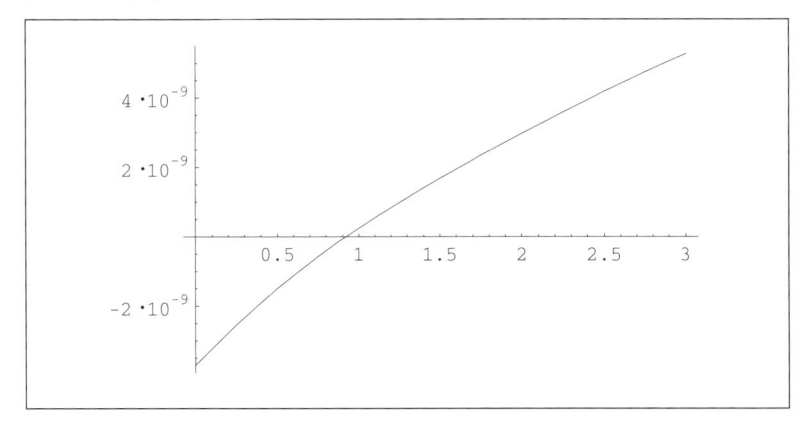

図 14.3　伝搬時間

この図から伝搬時間の最低になる位置は $x=1$ の付近であることが分かる．これを数値計算で以下に求める．

```
FindRoot[t2 10^9==0,{x,1}]
{x→0.920401}
```

すなわち，$x = 0.9204$ のところを通過する光の伝搬時間が最小であることが求められた．伝搬時間の最小を求める上に示した計算式，

```
FindRoot[t2 10^9==0,{x,1}]
```

で，t_2 に 10^9 を掛けているが，これが無いと t_2 自身が 10^{-9} のオーダで極めて小さいため $x = 1$ の付近の解を求めると答が 1 となってしまい正確な答が得られないので注意を要する．

次に，スネルの法則からこの通過点を計算する．スネルの法則は，図 14.1 の記号を用いると $n_1 = \sin \theta_1 = n_2 \sin \theta_2$ であるから座標軸等は上の例と同じにとり，数値を代入して計算を行うと以下のように光の通過点の位置は $x = 0.9204$ となる．

```
FindRoot[Sin[ArcTan[x]] -
2 Sin[ArcTan[(2-x)/3]]==0,{x,1}]
{x→0.920401}
```

これは先に求めた伝搬時間が最小となる位置と一致する．すなわち，スネルの法則の意味するところは光の通路は伝搬時間が最小となる通路であることを示している．

14.2　スラブ導波路の固有値

現在実用になっている光ファイバは主としてシングルモードファイバであるが，光ファイバ中の光の伝搬を考える上で最も原理的な構造である，スラブ導波路

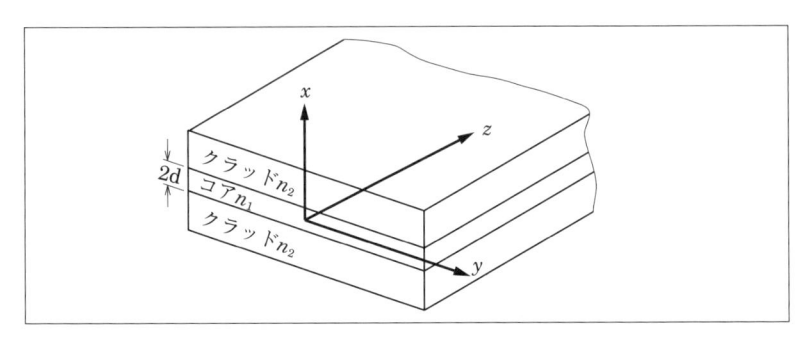

図 14.4 スラブ導波路の構造

についてその伝搬特性を検討する．スラブ導波路は図 14.4 に示すように光を伝えるコアとその上下にあるクラッドから成り立っている．断面横方向は理想的には無限大として計算するが横方向の長さが有限であってもコアの厚さや光の波長に比べて充分大きければ近似は成り立つ．

座標系は，スラブ導波路のコアの中心を x 軸の 0 とし，コアの厚さを $2d$，横方向を y，進行方向を z とする．

マクスウェルの方程式を直角座標系で表すと電界成分を E，磁界成分を H として下記のように表される．

$$j\beta E_y = -j\omega\mu H_x \tag{14.1}$$

$$0 = -j\omega\mu H_y \tag{14.2}$$

$$\frac{dE_y}{dx} = -j\omega\mu H_z \tag{14.3}$$

磁界の H_z 成分は式（14.3）から下式のようになる．

$$H_z = -\frac{1}{j\omega\mu}\frac{dE_y}{dx} \tag{14.4}$$

ここでコアの中の電界を余弦関数で表し $E_y(\mathbf{x}) = A\cos\chi_1 x$ とし，磁界の境界条件，すなわち $x=d$ においてコアとクラッドの磁界の接線成分が等しいことから $H_{z1} = H_{z2}$ と置けば下式が成立する．

$$\frac{j\chi_1}{\omega\mu} A \sin\chi_1 d = \frac{j\alpha_2}{\omega\mu} A \cos\chi_1 d \tag{14.5}$$

この式を整理して，

$$\tan\chi_1 d = \frac{\alpha_2}{\chi_1} \tag{14.6}$$

今ここで便宜上規格化周波数 V を導入し，下記のように定義する．

$$V = (n_1^2 - n_2^2)^{1/2} k_0 d \tag{14.7}$$

ここで，k_0 は真空中の波数 $(2\pi/\lambda)$，n_1 および n_2 はそれぞれコアおよびクラッドの屈折率である．また，V は，

$$V^2 = (\alpha_2 d)^2 + (\chi_1 d)^2 \tag{14.8}$$

と表されるのでこの式を変形して，

$$\frac{\alpha_2 d}{\chi_1 d} = \sqrt{\frac{V^2}{(\chi_1 d)^2} - 1} \tag{14.9}$$

を得る．次に上式を式 (14.6) と組み合わせて下式を得る．

$$\tan\chi_1 d = \sqrt{\frac{V^2}{(\chi_1 d)^2} - 1} \tag{14.10}$$

上式を解くことによりマクスウェルの方程式を満足する χ_1 を求めることができる．今までの解では，コア内の電界として余弦波を用いたがもう一つの解である正弦波を用いると下式が得られる．

$$\tan\chi_1 d = \frac{-1}{\sqrt{\frac{V^2}{(\chi_1 d)^2} - 1}} \tag{14.11}$$

実際の導波路について，伝搬可能なモードを求めるには導波路の寸法，屈折率および波長が分かれば式 (14.10) および式 (14.11) から固有値を計算できる．実例として，コアの厚み $2d = 10\,\mu\mathrm{m}$，$n_1 = 1.50$，$n_2 = 1.49$，波長 $0.85\,\mu\mathrm{m}$ のときの計算例を以下に示す．まず，式 (14.7) から V を求めると 6.391 となる．そこで式 (14.10) および式 (14.11) の左辺および右辺をそれぞれ計算し図に示す．計算式は以下のとおりである．

```
y1=Tan[x]
y2=((6.391^2/x^2)-1)^0.5
y3=(-1)/((6.391^2/x^2)-1)^0.5
Plot[{y1,y2,y3},{x,0,8},PlotRange->{-10,10}]
```

　この計算式の結果は図 14.5 のようになる．図の上半分は式(14.10)による結果で偶関数モード，下半分は式（14.11）の結果で奇関数モードを表している．この図から伝搬可能なモードの数は曲線の交点で決まり，この例では 5 個のモードが伝搬可能である．

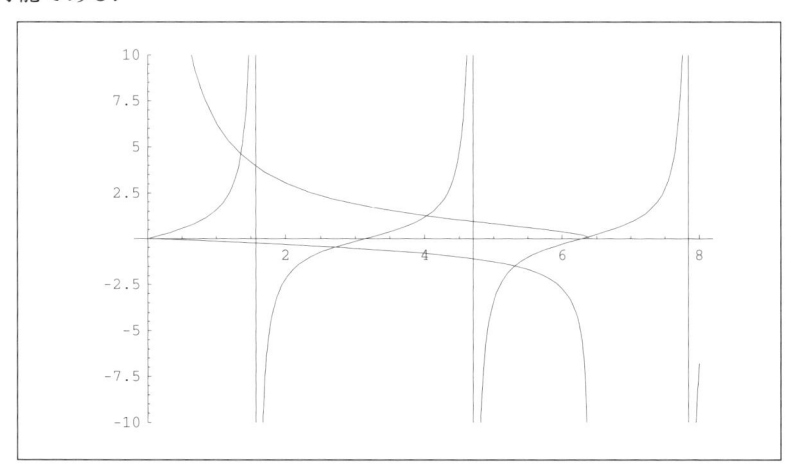

図 14.5　固有値の図式解法

　この 5 個の伝搬モードを決める固有値方程式は解析解を持たない超越方程式であるので，その解は上のように図で求めるか数値計算により求めるのが一般的である．固有値の一番小さい値はその交点が図 14.5 より 1 と 2 の間にあるのでその正確な値は以下のようにして求められる．

```
FindRoot[Tan[x]-((6.391^2/x^2)-1)^0.5==0,{x,1}]
{x→1.35686}
```

すなわち，固有値は 1.357 となる．以下同様にして 5 個の固有値 $\chi_1 d$ を求めると以下のようになる．

```
1.357, 2.705, 4.030, 5.304, 6.368
```

この固有値から各モードの位相定数を求めることができる．

14.3　グレーデッドインデックスファイバ内の光線の通路
（Excel と *Mathematica* を用いて表示する例）

　前節の計算はマクスウェルの方程式から出発して計算したので複雑であった．光ファイバ内の光線の通路を幾何学的に求めると，光の通路が直感的によく分かるので以下にその通路を求めてみる．

　グレーデッド形ファイバの屈折率は，図 14.6 に示すように中心の屈折率が大きく，周辺になるにつれて小さくなる構造である．

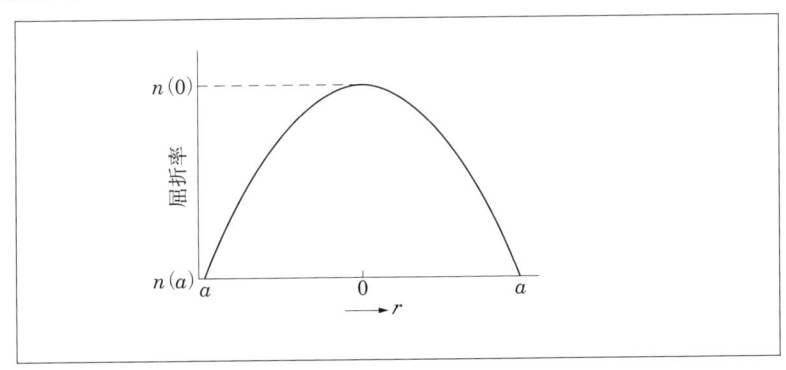

図 14.6　グレーデッド形ファイバの屈折率分布

伝搬モード間の速度の差が小さい屈折率分布は，2 乗分布に近い形であるので屈折率分布の形状を式（14.12）のように定義する．

$$n(r) = n(0)\left\{1 - \Delta\left[\frac{r}{a}\right]^2\right\} \tag{14.12}$$

ここで，r：半径方向の変数，a：コア半径で 25 μm，$n(0)$ は中心の屈折率で 1.50，Δ は比屈折率で下式で定義される値である．

$$\Delta = \frac{n(0) - n(a)}{n(0)} \tag{14.13}$$

今回の計算では，$\Delta = 0.5\%$，$n(a) = 1.425$ とし以下の計算を行う．

中心軸を通る入射光線の通路は，屈折率を 1 μ おきに層状に区切りスネルの法則による屈折の法則を用いて計算することができる．

光線がコアの外に出ない，中心の層から次の層への最小の入射角 i_0 はスネルの法則より次のようになる．

$$i_0 = \sin^{-1}\frac{n(a)}{n(0)} = 1.253\, rad \tag{14.14}$$

最小の入射角が 1.253 rad であるので，ここでは入射角 1.26 rad および 1.3 rad の場合について光線の通路を計算する．

計算は Excel を用いて以下のように行うのが簡単である．なお，Excel の計算については付録 1 を参照されたい．

14.3 グレーデッドインデックスファイバ内の光線の通路

表14.1 Excelによる光線通路の計算表

no	n	i1	i2	delx1	delx2	x1	x2	r
0	1.500	1.260	1.300	0.000	0.000	0.000	0.000	0.00
1	1.500	1.260	1.300	3.116	3.606	3.116	3.606	1.00
2	1.500	1.261	1.301	3.124	3.618	6.240	7.224	2.00
3	1.499	1.262	1.303	3.137	3.639	9.377	10.863	3.00
4	1.498	1.264	1.305	3.157	3.668	12.534	14.531	4.00
5	1.497	1.266	1.307	3.182	3.707	15.716	18.238	5.00
6	1.496	1.269	1.311	3.214	3.756	18.930	21.995	6.00
7	1.494	1.272	1.315	3.252	3.817	22.182	25.811	7.00
8	1.492	1.276	1.319	3.299	3.890	25.480	29.702	8.00
9	1.490	1.281	1.325	3.353	3.979	28.834	33.681	9.00
10	1.488	1.286	1.331	3.418	4.086	32.252	37.766	10.00
11	1.485	1.292	1.338	3.494	4.214	35.746	41.980	11.00
12	1.483	1.299	1.346	3.583	4.369	39.328	46.349	12.00
13	1.480	1.306	1.355	3.687	4.557	43.016	50.906	13.00
14	1.476	1.314	1.365	3.811	4.791	46.827	55.698	14.00
15	1.473	1.323	1.377	3.958	5.087	50.785	60.784	15.00
16	1.469	1.334	1.390	4.136	5.471	54.922	66.256	16.00
17	1.465	1.345	1.405	4.354	5.993	59.275	72.248	17.00
18	1.461	1.358	1.424	4.626	6.748	63.901	78.997	18.00
19	1.457	1.373	1.446	4.977	7.966	68.878	86.963	19.00
20	1.452	1.389	1.475	5.447	10.402	74.325	97.365	20.00
21	1.447	1.409	1.522	6.119	20.356	80.444	117.721	21.00
22	1.442	1.432	#NUM!	7.180	#NUM!	87.624	#NUM!	22.00
23	1.437	1.463	#NUM!	9.215	#NUM!	96.839	#NUM!	23.00
24	1.431	1.509	#NUM!	16.212	#NUM!	112.960	#NUM!	24.00
25	1.425	#NUM!	#NUM!	#NUM!	#NUM!	#NUM!	#NUM!	25.00

この表で no は層の順，i1，i2 はそれぞれ入射角 1.26 rad と 1.3 rad に対する各層への入射角，delx 1，delx 2 は半径方向に 1 μm 進むときの軸方向距離，x1，x2 は原点からの距離，r は半径方向距離である．この表から Excel で図を描けば図 14.7 のような結果が得られる．この図で横方向は軸方向距離を表し，縦方向は半径方向の距離を表している．

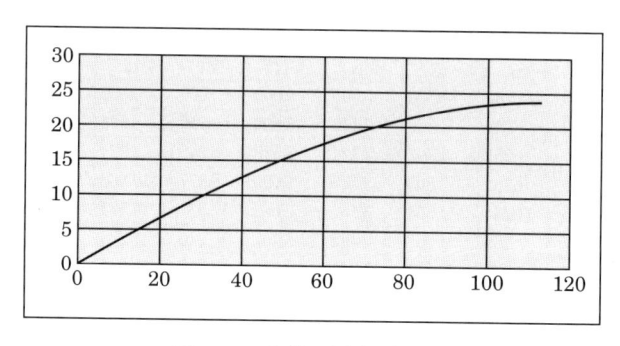

図14.7 光線の通路（Excel による）

次に同じ結果を Mathematica にコピーして他の計算に使用したり，図に表す方法の例を示す．

表14.2 Excelの計算結果を Mathematica にコピーする準備（入射角1.26）

{	0.000	,	0	}	,
{	3.116	,	1	}	,
{	6.240	,	2	}	,
{	9.377	,	3	}	,
{	12.534	,	4	}	,
{	15.716	,	5	}	,
{	18.930	,	6	}	,
{	22.182	,	7	}	,
{	25.480	,	8	}	,
{	28.834	,	9	}	,
{	32.252	,	10	}	,
{	35.746	,	11	}	,
{	39.328	,	12	}	,
{	43.016	,	13	}	,
{	46.827	,	14	}	,
{	50.785	,	15	}	,
{	54.922	,	16	}	,
{	59.275	,	17	}	,
{	63.901	,	18	}	,
{	68.878	,	19	}	,
{	74.325	,	20	}	,
{	80.444	,	21	}	,
{	87.624	,	22	}	,
{	96.839	,	23	}	,
{	112.960	,	24	}	,

14.3 グレーデッドインデックスファイバ内の光線の通路

まず，Excel の計算結果の表から *Mathematica* にコピーして使用する部分を抜き出し，*Mathematica* のリスト形式に合わせて表 14.2 に示すようにコンマや括弧を記入する．それから，この表を Ctrl+C でコピーし，次に *Mathematica* 上で Ctrl+V で貼り付ければ *Mathematica* のリスト形式のものが得られるので，あとは普通に *Mathematica* の演算方法で計算したり図を描いたりすることができる．

ただし，この方法は *Mathematica* の Ver.3.0 ではできたが Ver 2.2 ではできなかったので注意を要する．

以上の方法により *Mathematica* 上で行った演算を以下に示す．まず，先に述べた方法で，Excel の表を *Mathematica* 上にコピーすると括弧で括られた数値が *Mathematica* のリストの形式で表現される．そこで，このリストを a1 と名付けリストの最初と最後に必要な括弧を追加すれば形式が整う．そこでこれを表示すれば図が得られる．

```
a1={{0.000,0},{3.116,1},{6.240,2},{9.377,3},
    {12.534,4},{15.716,5},{18.930,6},{22.182,7},
    {25.480,8},{28.834,9},{32.252,10},{35.746,11},
    {39.328,12},{43.016,13},{46.827,14},{50.785,15},
    {54.922,16},{59.275,17},{63.901,18},{68.878,19},
    {74.325,20},{80.444,21},{87.624,22},{96.839,23},
    {112.960 ,24}}
g1=ListPlot[a1,PlotJoined->True,GridLines->
    Automatic,Frame->True]
```

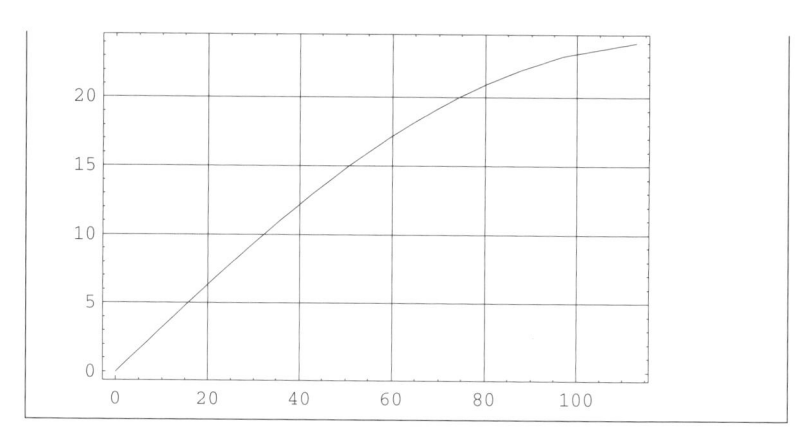

図 14.8　入射角 1.26 rad の光線の通路

光の通路は，コアの最外部に達した後は図 14.8 を折り返した形でまた中心軸の戻って，コアの中を正弦波状に伝搬して行く．

14.4　半導体レーザの直接変調

半導体レーザの出力光強度は，しきい値電流以上では図 14.9 に示すように電流に比例して増減するのでアナログ変調を行うことができる．

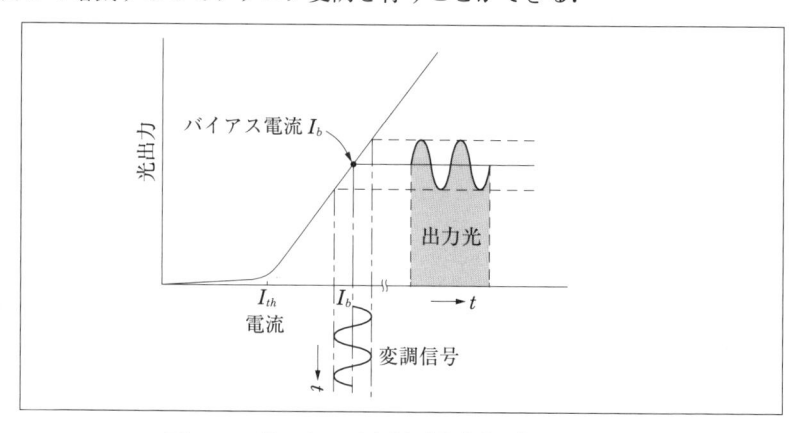

図 14.9　光アナログ変調（強度変調）

強度変調は AM に類似しているが，相違点は搬送波の電力が変調信号の振幅に比例している点である．これを式で表せば下式のようになる．

$$P_0 = P_C\{1+mf(t)\} \tag{14.15}$$

ここで，P_0 は送信電力，P_C は搬送波電力，m は変調度，$f(t)$ は変調信号である．上式を振幅で表すと電力は振幅の 2 乗に比例するから以下のようになる．

$$E_0 = E_C\{1+mf(t)\}^{\frac{1}{2}} \tag{14.16}$$

いま，$m=1$ とし，$f(t)=x$ とおいて上式のルートの中を $x=0$ の付近で 6 次の項までテイラー展開すると以下のようになる．

```
Series[(1+x)^0.5,{x,0,6}]
1.+0.5 x−0.125 x²+0.0625 x³−0.0390625 x⁴+
0.0273438 x⁵−0.0205078 x⁶+O[x]⁷
```

ここで，変調信号を $x=\sin\omega t$ とすると x の 2 乗，3 乗，4 乗・・・の項からはそれぞれ $2\omega t$, $3\omega t$, $4\omega t$・・・の項が出てくる．（付録2）振幅変調では変調信号の 2 倍の帯域を考えればよかったのに対し，強度変調では広い帯域幅を考える必要がある．しかし，光ファイバの帯域は広いので，回路素子などを除けばあまり帯域幅を考える必要は少ない．また，ディジタル信号の場合には，アナログ伝送に比べて問題は少ないと考えられる．

14.5　半導体レーザの発振周波数の安定化

半導体レーザは小型，軽量，変調が容易であるなどの点から光通信方式の光源として広く用いられている．しかし，周囲温度や電流の変化より $-30\,\text{GHz/℃}$，$-5\,\text{GHz/mA}$ 程度の周波数変化がある．そこで，安定な光通信を行うためには半導体レーザの発振周波数の安定化が必要である．

周波数の安定化のためには，安定な周波数基準を用いその中心周波数に発振周

波数を安定化するのが一般的である．図14.10に周波数安定化の回路を示す．

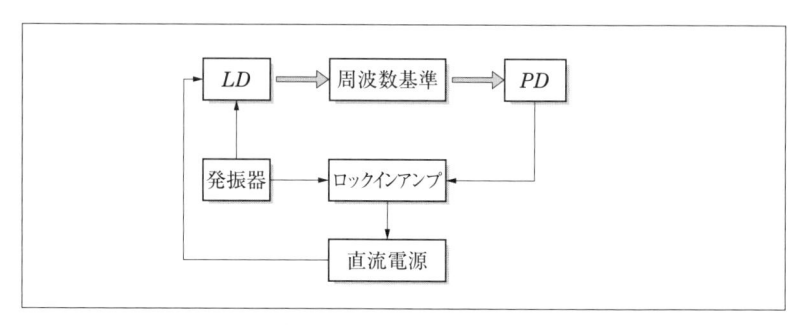

```
┌─────────────────────────────────────────┐
│         ┌────┐    ┌────────┐    ┌────┐  │
│    ┌───→│ LD │═══→│周波数基準│═══→│ PD │  │
│    │    └────┘    └────────┘    └────┘  │
│    │      ↑                        │    │
│    │   ┌──────┐   ┌──────────┐    │    │
│    │   │発振器 │──→│ロックインアンプ│←───┘    │
│    │   └──────┘   └──────────┘         │
│    │                    │               │
│    │              ┌──────────┐          │
│    └──────────────│ 直流電源  │          │
│                   └──────────┘          │
└─────────────────────────────────────────┘
```

図14.10 周波数安定化回路

図14.10において，LDは半導体レーザ，PDはフォトダイオードである．LDには正弦波発振器から数kHzの微小な振幅の変調が加えられている．LDからの光信号は周波数基準をとおり，PDで検波されロックインアンプに入る．ロックインアンプでは，発振器からの信号と位相検波され低域フィルタを通り誤差信号が得られる．この誤差信号をLDにフィードバックすることにより周波数の安定化を行っている．図14.11(a)に周波数基準の特性を，図14.11(b)にその微分特性を示す．今，発振周波数が周波数基準の中心周波数よりも低い場合には，微小変調信号とPD出力信号は同相である．一方，発振周波数が高い場合には逆相となり，ロックインアンプの出力は前者では正，後者では負となる．また，発振周波数と中心周波数が一致したときには出力は零となる．

以上の電気的な測定を，計算で行いロックインアンプの出力を求めてみよう．

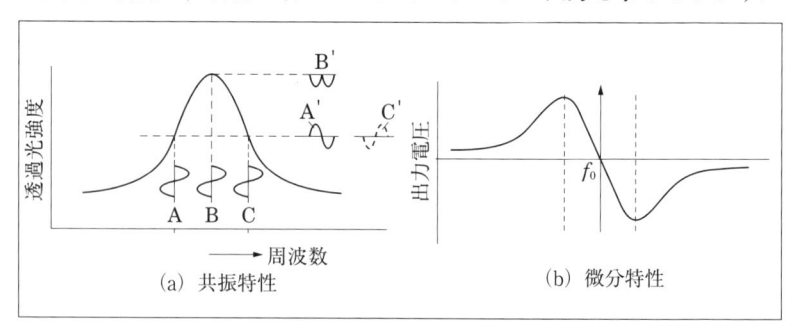

図14.11 共振特性とその微分特性

図14.10の周波数基準としては，分子や原子の吸収線を用いる方法もあるが，この吸収線は安定ではあるが周波数が固定されるので，ここではファブリペローエタロン（エタロン）を用いることにする．ここで用いるエタロンは，平坦に研磨した石英等の面に反射膜をつけた構造で，その光強度の透過率特性 T は下式のように表される．

$$T = \frac{(1-R)^2}{(1-R)^2 + 4R\sin^2\left(\frac{2\pi nfd\cos\theta}{c}\right)} \tag{14.17}$$

ここで，R：反射膜の光強度の反射係数，d：エタロンの厚さ，n：反射膜の間の屈折率である．

今，エタロンに直角に光が入射する場合には $\theta = 0$ である．具体的例として，$R = 0.95$，$d = 5\,\mathrm{mm}$，$n = 1.5$ として式（14.17）の広帯域透過特性を計算する．計算式は下記のとおりで，その結果は図14.12のように等間隔で多くの共振周波数が表れる．ここで，横軸の周波数はある共振周波数からの差の周波数で表している．

```
r=0.95
n=1.5
d=5 10^(-3)
f=f1 10^9
c=3 10^8
t=(1-r)^2/((1-r)^2+4 r (Sin[(2 Pi n d f/c)])^2)
Plot[t,{f1,0, 50},PlotRange->All]
```

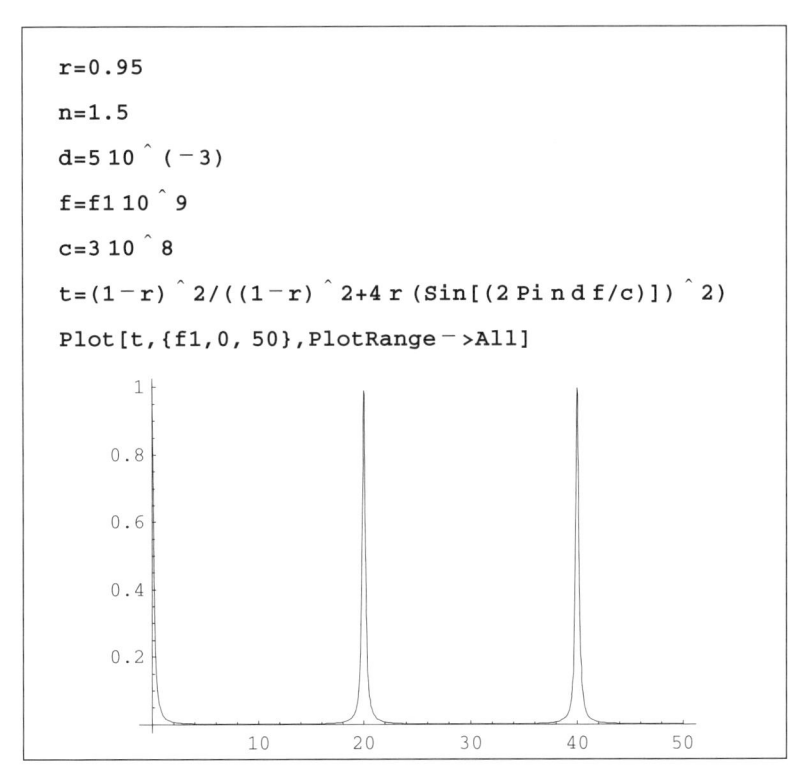

図 14.12　エタロンの広帯域透過特性

　周波数安定化に用いる共振はこの多くの共振周波数のうちから希望する周波数の共振曲線を選べばよい．いまこの共振曲線の一つを拡大して描くと図 14.13 のような共振曲線が得られる．次にこの共振曲線の微分波形を求めるため，図 14.10 のように LD に微小な振幅の信号周波数加え，ロックインアンプで誤差信号を取り出す計算を行う．計算式は下記のとおりで，その結果は図 14.14 のように共振曲線の微分波形になっている．

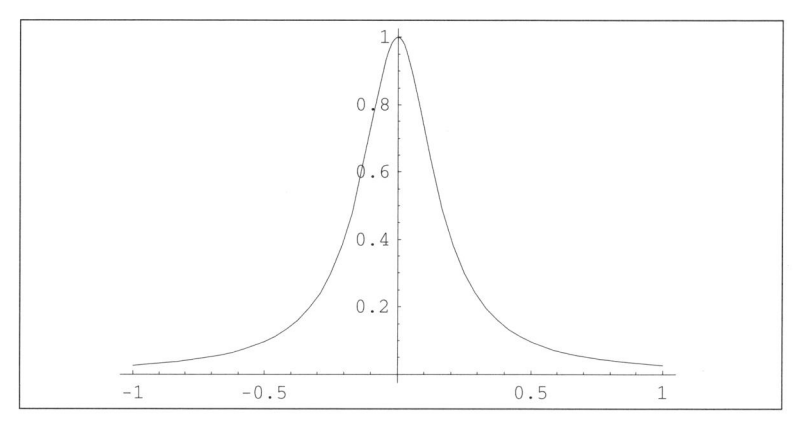

14.5 半導体レーザの発振周波数の安定化

図 14.13 共振曲線

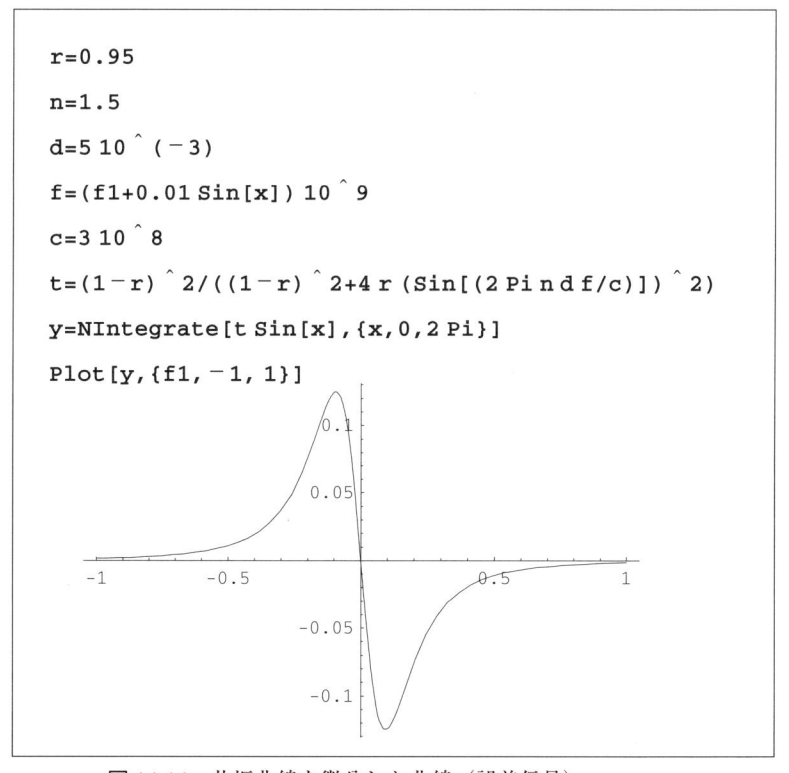

```
r=0.95
n=1.5
d=5 10^(-3)
f=(f1+0.01 Sin[x]) 10^9
c=3 10^8
t=(1-r)^2/((1-r)^2+4 r (Sin[(2 Pi n d f/c)])^2)
y=NIntegrate[t Sin[x],{x,0,2 Pi}]
Plot[y,{f1,-1,1}]
```

図 14.14 共振曲線を微分した曲線（誤差信号）

この図を求める計算では，微小信号の振幅を 0.01 GHz としたが，図全体の周波数範囲は 2 GHz であるので，微小信号の振幅は十分に小さくほぼ共振曲線の微分を表している．もし，この微小信号の振幅を大きくすると出力電圧は大きくなるが，正確な微分の形にならなくなるので注意を要する．

演習問題

14.1 媒質 I の屈折率 $n_1 = 1.5$ のとき，入射角 θ_1 に対する媒質 II の透過角 θ_2 のグラフを描け．

14.2 ファブリペロエタロン透過特性を $n = 1.5$，$d = 5$ mm のとき $R = 0.95$ および $R = 0.5$ について同一図面に描き透過特性を比較検討せよ．

14.3 図 14.13 に用いたエタロン（$n = 1.5$，$d = 5$ mm，$R = 0.95$）で，微小信号の振幅を 0.5 GHz としたときの誤差信号曲線を描き，なぜ微小信号の値により誤差信号曲線が変わるか考察せよ．

参考文献

（1）スティーブン　ウルフラム，白水重明訳 "*Mathematica* A System for Doing Mathematics by Computer Second Edition（日本語版）"，アジソン　ウエスレイ，1996
（2）榊原　進 "はやわかり *Mathematica*"，共立出版，1995
（3）川瀬　宏海 "*Mathematica* によるプレゼンテーション，創作グラフィックス"，東京電機大学出版局，1997
（4）川瀬　宏海 "*Mathematica* による電磁気学"，東京電機大学出版局，1996
（5）田澤　義彦 "*Mathematica* 3 による工科の数学"，東京電機大学出版局，1999
（6）田中　公男 "ディジタル通信技術"，東海大学出版会，1986
（7）虫明　康人 "アンテナ・電波伝搬"，コロナ社，1984
（8）榛葉　實，進士昌明 "電波応用工学"，オーム社，2000
（9）榛葉　實 "光ファイバ通信概論"，東京電機大学出版局，1999
（10）森口，宇田川，一松 "数学公式 II"，p.190，岩波全書，1983
（11）中嶋　洋一 "Excel 95 関数ハンドブック" ナツメ社，1983

演習問題解答

2.1
  (1) $5(3.6+2.7)+2.3 = 33.8$
  (2) $20(2.2\,\hat{}\,3+5)/3 = 104.32$
  (3) $N[(2+3)\,\hat{}\,(1/3)] = 1.70998$
  (4) $N[(1/2)+(1/3)] = 0.833333$

2.2 $N[Pi\,5\,\hat{}\,2, 10] = 78.53981634$

2.3
  (1) $(3+4\,I)(5-6\,I) = 39+2\,I$
  (2) $N[(3+4\,I)/(5-6\,I)] = -0.147541 + 0.622951\,I$

2.4 $Abs[6+8\,I] = 10$, $N[Arg[6+8\,I]] = 0.927295$

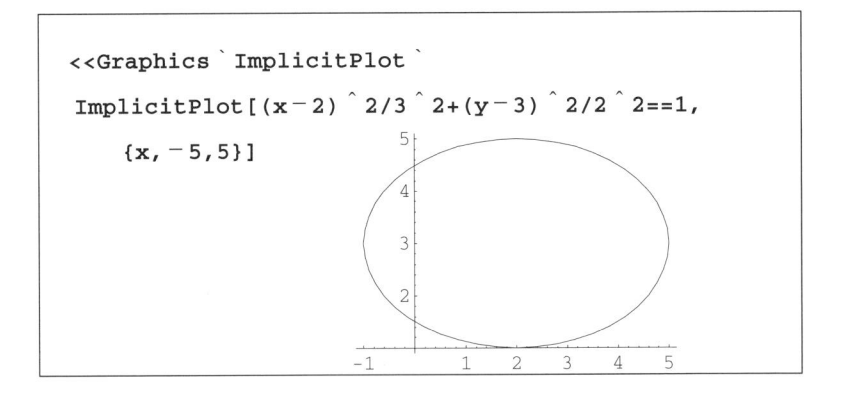

2.5
```
<<Graphics`ImplicitPlot`
ImplicitPlot[(x-2)^2/3^2+(y-3)^2/2^2==1,
    {x,-5,5}]
```

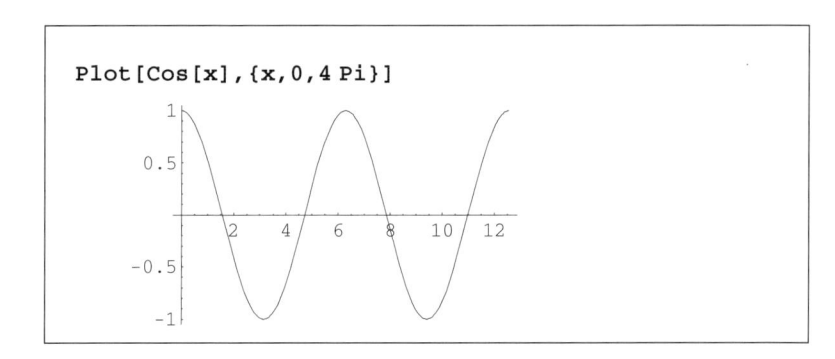

2.6　`Plot[Cos[x],{x,0,4 Pi}]`

3.1　Factor [x ^ 3 − 39 x − 70] = (x+2) (x − 7) (x+5)

3.2　Apart [(5 x+6)/((2 x+1) (3 x+5))]

$$\frac{1}{1+2x} + \frac{1}{5+3x}$$

3.3　Solve [a x ^ 2+b x+c = = 0, x]

$$\{\{x \to \frac{-b-\sqrt{b^2-4ac}}{2a}\}, \{x \to \frac{-b+\sqrt{b^2-4ac}}{2a}\}\}$$

3.4　図を描き大体の x の値は，x = 0，および x = 2 の付近にあるから，

FindRoot [Exp[− (x − 1) ^ 2] = = 0.6, {x, 0}]

{x→0.285279}

FindRoot [Exp[− (x − 1) ^ 2] = = 0.6, {x, 2}]

{x→1.71472}

となる．

3.5　Solve [{2 x+6 y − 4 z = = 3, 2 x − 4 y − 2 z = = 5, 6 x − 2 y − 2 z = = 7}, {x, y, z}]

$$\{\{x \to \frac{7}{10}, y \to -\frac{2}{5}, z \to -1\}\}$$

NSolve [{2 x+6 y − 4 z = = 3, 2 x − 4 y − 2 z = = 5, 6 x − 2 y − 2 z = = 7}, {x, y, z}]

{{x→0.7, y→−0.4, z→−1}}

4.1　D [x ^ 2 Sin [x], x]

x^2Cos[x]+2 xSin[x]

4.2　D [Sin [x Sin [y]], x, y]

```
Cos[y]Cos[xSin[y]]-xCos[y]Sin[y]Sin[xSin[y]]
```

4.3　D [Log [Sin [x y]], x, y]

```
Cot[x,y]-xyCsc[xy]²
```

5.1

(1) Integrate [1/x, x]

```
Log[x]
```

(2) Integrate [Exp [x], x]

```
Eˣ
```

(3) Integrate [x/(x ˆ 4 − 1), x]

$$\frac{1}{4} \text{Log}[-1+x^2] - \frac{1}{4} \text{Log}[1+x^2]$$

(4) Integrate [Exp [− x ˆ 2], x]

$$\frac{1}{2} \sqrt{\pi}\, \text{Erf}[x]$$

5.2

(1) Integrate[Sin[x],{x,0,Pi}]

```
2
```

(2) Integrate[Sin[x]/x,{x,0,Infinity}]

$\pi/2$

(3) Integrate[1/(x(1−x)) ˆ 0.5,{x,0,1}]

```
3.12159
```

(4) Integrate[Exp [− a x] Sin[b x],{x,0,Infinity}]

$$\text{If}[\text{Im}[b]==0\,\&\&\,\text{Re}[a]>0,\ \frac{b}{a^2+b^2}, \int_0^\infty E^{-ax} \sin[bx]dx$$

5.3　((Integrate[(10 Sin[x]) ˆ 2,{x,0,Pi}])/Pi) ˆ 0.5

```
0.707107 V
```

6.1
```
Plot[{Sin[x],Cos[x]},{x,0,2 Pi},
    PlotStyle->{Dashing[{0.02}],
    Dashing[{0.01,0.02,0.04,0.02}]}]
```

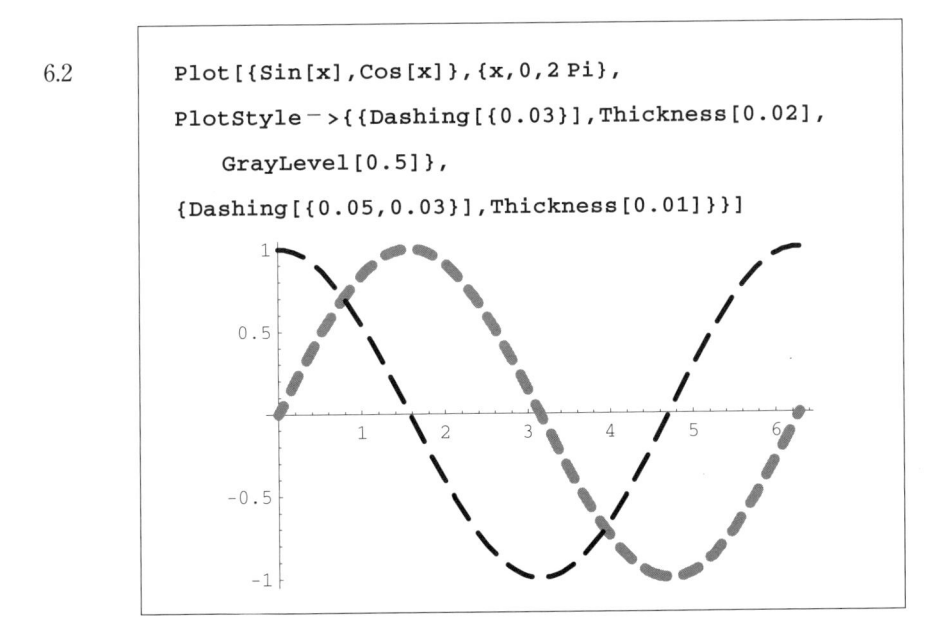

6.2
```
Plot[{Sin[x],Cos[x]},{x,0,2 Pi},
    PlotStyle->{{Dashing[{0.03}],Thickness[0.02],
       GrayLevel[0.5]},
    {Dashing[{0.05,0.03}],Thickness[0.01]}}]
```

6.3
```
Plot[Tan[x],{x,0,2 Pi},PlotRange->{-10,10}]
```

6.4
```
<<Graphics`Graphics`
LogLogPlot[{x^2,x^3},{x,1,100},PlotStyle->
   {Dashing[{0.01}],
Dashing[{0.02}]}]
```

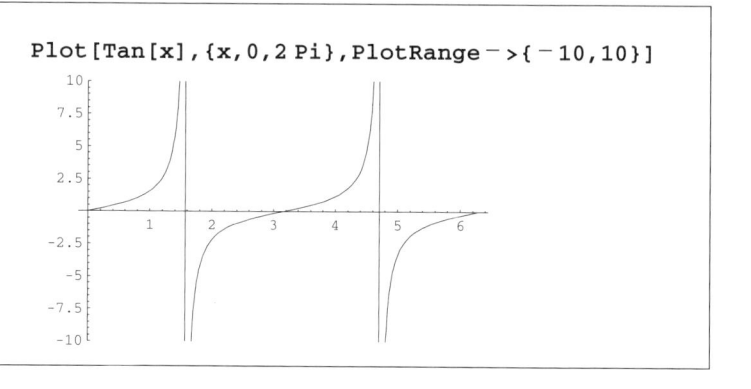

7.1
```
y1=x^0.5
t1=Table[{x,y1},{x,0,5,0.5}]
```
{{0.0},{0.5,0.707107},{1.,1.},
{1.5,1.22474},{2.,1.41421},{2.5,1.58114},
{3.,1.73205},{3.5,1.87083},{4.,2.},
{4.5,2.12132},{5.,2.236067}}

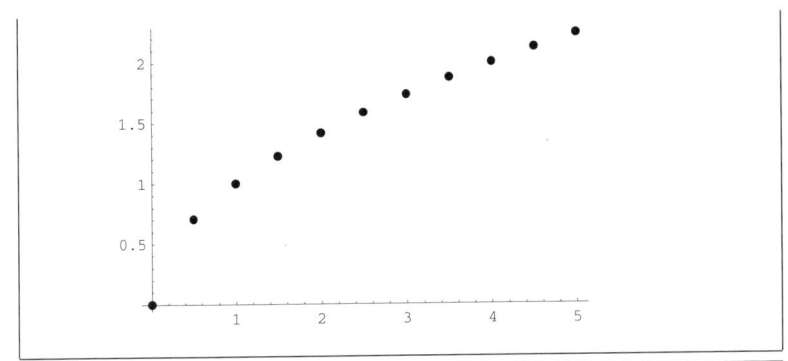

7.2
```
<<Graphics`Graphics`
y2=x^2
t2=Table[{x,y2},{x,1,11,2}]
LogLogListPlot[t2,PlotStyle->PointSize[0.02]]
```

8.1
```
t={{1,2.1},{2,5},{3,6.5},{4,5.9},{5,5.1},{6,2}}
g1=ListPlot[t,PlotStyle->PointSize[0.03]]
g2=ListPlot[t,PlotJoined->True]
Show[g1,g2]
```

8.2
```
Fit[t,{1,Sin[x/2],Sin[x],Sin[2 x],Sin[3 x]},x]
```
s1=0.585686+5.76546Sin[$\frac{x}{2}$]−0.861057 Sin[x]−
0.564353 Sin[2 x]−0.00185254 Sin[3 x]

```
g3=Plot[s1,{x,1,7}]
Show[g1,g3]
```

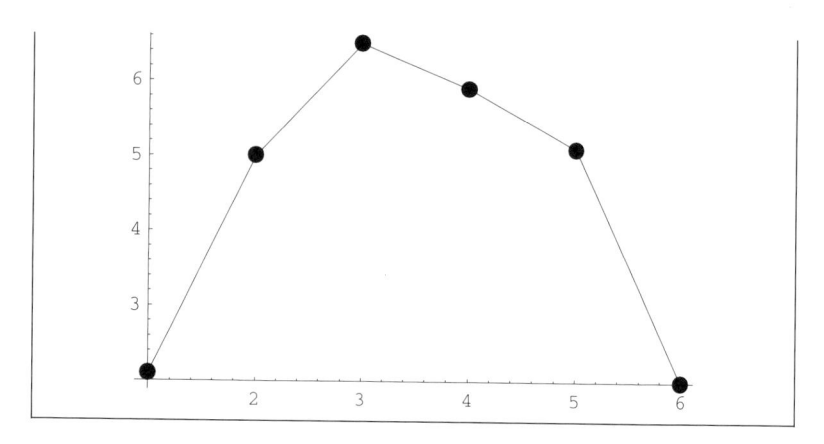

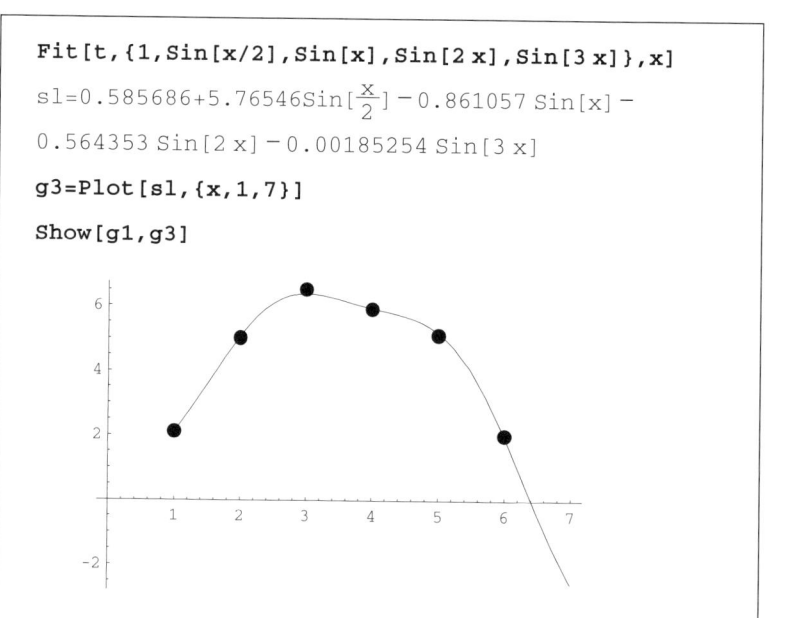

9.1 式 (9.2) より x 軸 y 軸に対する値は以下のようになる.

$$x = \frac{r_4}{r_4^2 + x_4^2}, \quad y = \frac{x_4}{r_4^2 + x_4^2}$$

ここで $r_4 = 100\,\Omega$ を代入しベクトル軌跡を求めると以下のようになる.

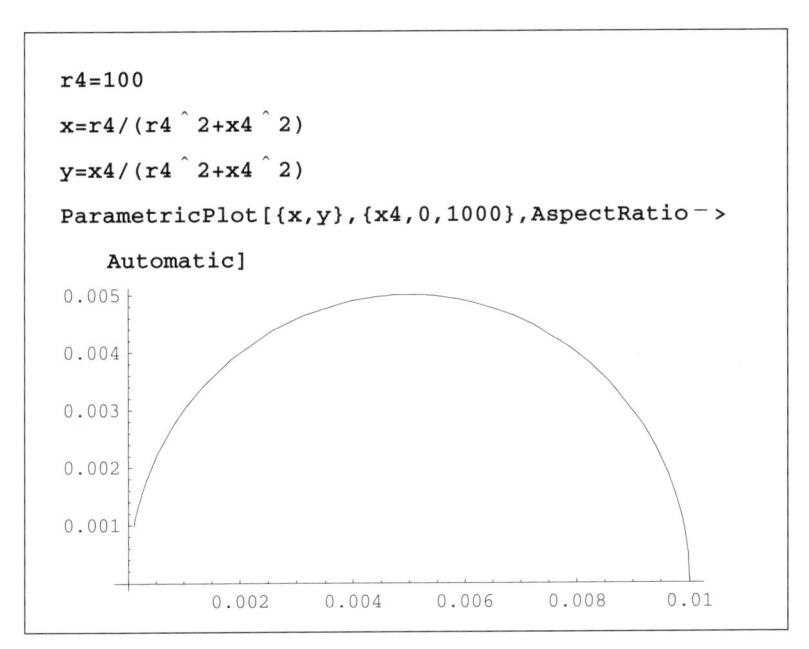

```
r4=100
x=r4/(r4^2+x4^2)
y=x4/(r4^2+x4^2)
ParametricPlot[{x,y},{x4,0,1000},AspectRatio->
   Automatic]
```

9.2 減衰定数の式を変形すると下式のようになる.

$$\alpha = A \frac{\frac{1}{b}\left(\frac{b}{a} + 1\right)}{ln\frac{b}{a}}$$

ここで b は一定であるので減衰定数を y とおいて上式は下記のように表される.

$$y = B \frac{1+x}{lnx}$$

この式の x に対する y の曲線を描きその最小値を求めればよい. 計算式等は以下のとおりである.

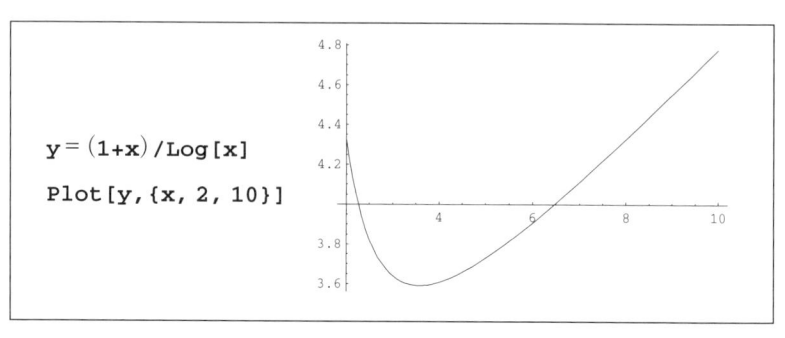

```
y=(1+x)/Log[x]
Plot[y,{x,2,10}]
```

最小となるxの値は3の付近であるので，yをxで微分し微分値が0となるxの値を正確の求めると結果は以下のようにxの3.59のところで減衰定数は最小となる．

```
yd=D[y,x]
FindRoot[yd==0,{x,3}]
{x→3.59112}
```

9.3　低域通過フィルタの計算を参考にして以下のようになる．

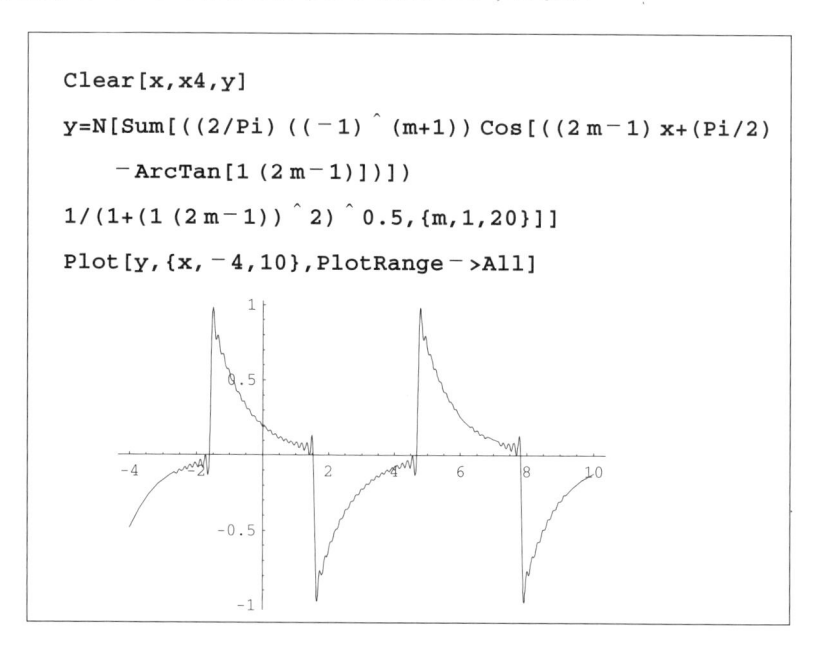

```
Clear[x,x4,y]
y=N[Sum[((2/Pi)((-1)^(m+1))Cos[((2m-1)x+(Pi/2)
    -ArcTan[1(2m-1)])])
1/(1+(1(2m-1))^2)^0.5,{m,1,20}]]
Plot[y,{x,-4,10},PlotRange->All]
```

10.1

```
<<Graphics`Graphics`
v=1/Sqrt[(x+1)^2+y^2]+1/Sqrt[(x-1)^2+y^2]
PlotGradientField[-v,{x,-2,2},{y,-2,2},
   ScaleFunction->(0.5&)]
```

10.2

```
<<Graphics`Graphics`
v=1/Sqrt[(x+1)^2+y^2]+1/Sqrt[(x-1)^2+y^2]
ContourPlot[v,{x,-2,2},{y,-2,2},ContourShading->
   False,Contours->20,PlotPoints->60]
```

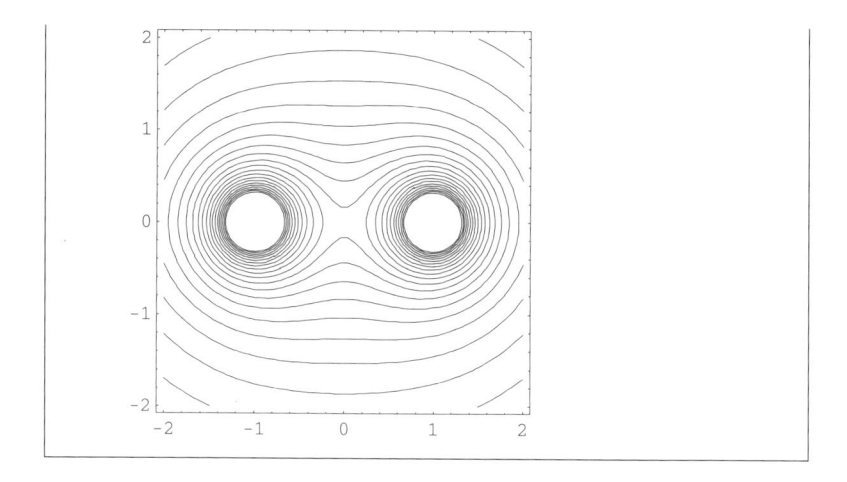

11.1

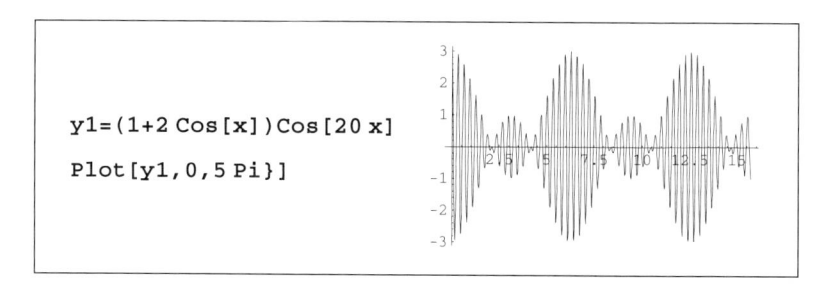

```
y1=(1+2 Cos[x])Cos[20 x]
Plot[y1,0,5 Pi}]
```

11.2

```
<<Graphics`Graphics`
y2=BesselJ[n,4]
p2=Table[y2,{n,-8,8}]
q2=Transpose[{Range[17],Prepend[Range[-7,8],-8]}]
b2=BarChart[Abs[p2],Ticks->{q2,Automatic}]
```

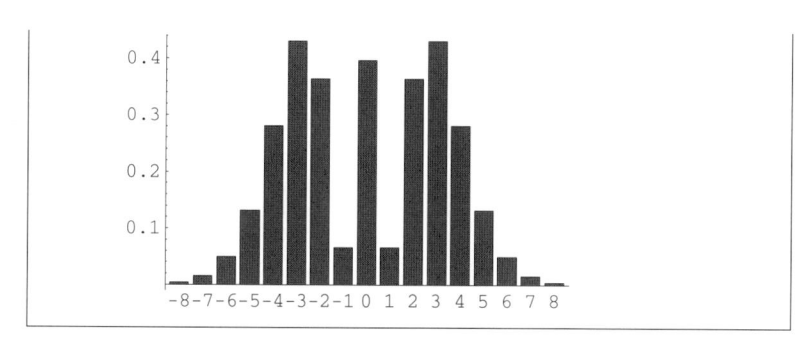

```
                0.4
                0.3
                0.2
                0.1
     -8-7-6-5-4-3-2-1 0 1 2 3 4 5 6 7 8
```

11.3

この場合，変調指数が周波数変調と位相変調で同じであるので，答は問題 11.2 と同じ．

11.4

周波数変調の場合は，変調指数 $m_f = 20$ となり，サイドバンドが広帯域に広がる．これを計算すると以下のように搬送波の上下に 30 位まで広がる．

一方，位相変調の方は，信号周波数に関係なく変調指数は $m_p = 4$ であるのでサイドバンドの形は変わらない．（問題 11.2 の答と同じ）ただし，サイドバンドの間隔が狭くなるので必要帯域は変調信号周波数により変化する．

```
<<Graphics`Graphics`
y2=BesselJ[n,20]
p2=Table[y2,{n,-30,30}]
q2=Transpose[{Range[61],
 Prepend[Range[-29,30],-30]}]
b2=BarChart[Abs[p2],
 Ticks->{q2,Automatic}]
```

周波数変調波の側波帯

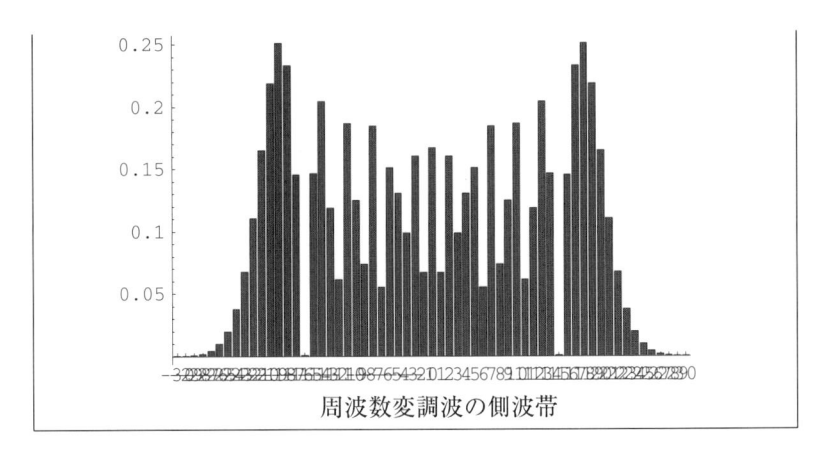

11.5

```
t=NSum[(BesselJ[n,4])^2,{n,-5,5}]
```
99.5%

12.1 CRフィルタの時定数が大きくなると,減衰する周波数が低くなり高次の波形が正確に表現されなくなる.具体的には,振幅変調波の復調の計算式で,g1の項で最後の数字6を小さくすると復調波形でcosの3次の項が表現されなくなる.

12.2
位相θが0のとき.

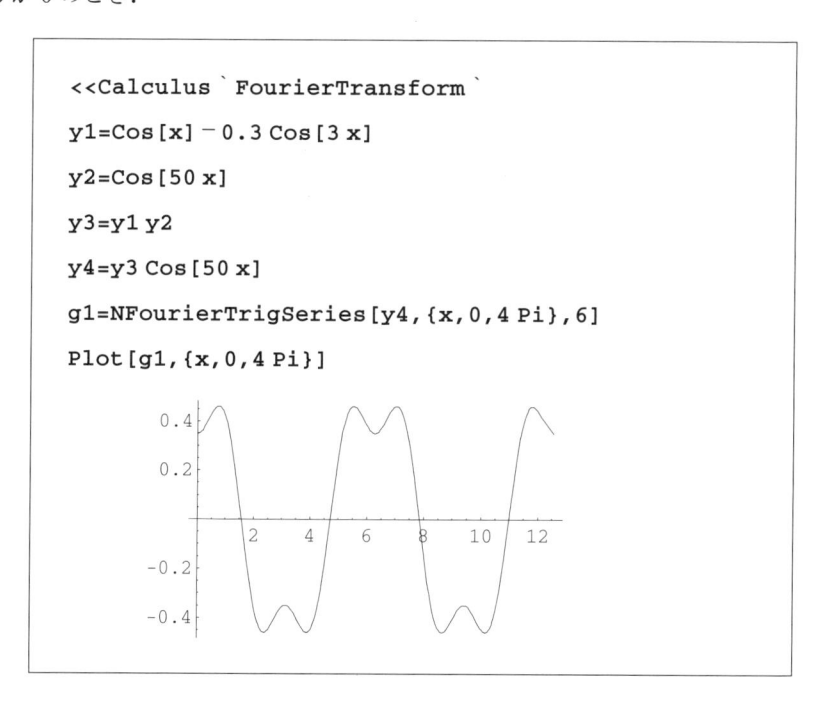

```
<<Calculus`FourierTransform`
y1=Cos[x]-0.3 Cos[3 x]
y2=Cos[50 x]
y3=y1 y2
y4=y3 Cos[50 x]
g1=NFourierTrigSeries[y4,{x,0,4 Pi},6]
Plot[g1,{x,0,4 Pi}]
```

$\theta = \pi/4$ のとき．

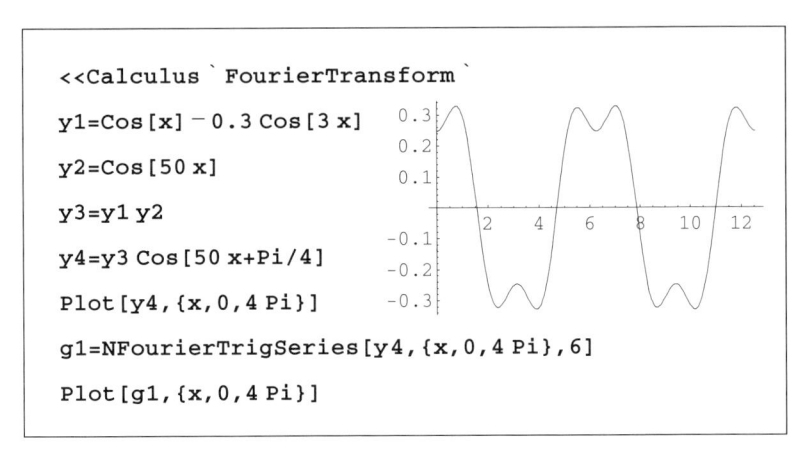

```
<<Calculus`FourierTransform`
y1=Cos[x]-0.3 Cos[3 x]
y2=Cos[50 x]
y3=y1 y2
y4=y3 Cos[50 x+Pi/4]
Plot[y4,{x,0,4 Pi}]
g1=NFourierTrigSeries[y4,{x,0,4 Pi},6]
Plot[g1,{x,0,4 Pi}]
```

検波波形は同じ形であるが，振幅が$\cos\theta$に比例して小さくなる．極端な$\theta=\pi/2$の場合には検波出力は0となる．

12.3 ユニポーラ符号のときのしきい値は，符号の振幅がAのときA/2であるのに対し，ポーラ符号では符号の振幅±Aの中心すなわち0であり，しきい値から符号の振幅Aまでで両者に2倍の差がある．したがって，ポーラ符号で同じ誤り率を得るのに必要なA/σの値は6dB小さくてよい．

13.1 微小ダイポールをn個軸方向に並べたときのダイポールから十分離れた所の電界Eはn個のダイポールからの放射電界の和となる．ダイポールに加える電流を同相とすると放射電界の和は次式のようになる．

$$E = K \frac{e^{-jkR}}{R} \sin\theta \left(1 + e^{jkd\cos\theta} + e^{jk2d\cos\theta} + \cdots + e^{jk(n-1)d\cos\theta} \right)$$

指向特性は上式のθに関する項のみを計算すればよく，計算式および図は下のようになる．指向特性の大きな方向がz軸と直角の方向である．

```
<<Graphics`Graphics`
y1= Sin[t] (1+Exp[Pi Cos[t]I]+
Exp[2 Pi Cos[t]I]+
Exp[3 Pi Cos[t]I]
PolarPlot[Abs[y1],{t,0,2 Pi}]
```

13.2

```
y1=(1/( Sin[t])) (
  Exp[-Pi I] -Exp[(40 Pi 1.5 Sin[t] -Pi )
  I]+Exp[-(40 Pi 1.5 Sin[t]) I] -1) ;
y2=Abs[y1] ;
y3=(1/( Sin[t])) (
  Exp[-0 I] -Exp[(40 Pi 1.5 Sin[t] -0 )I]+Exp
  [-(40 Pi 1.5 Sin[t]) I] -1)
y4=Abs[y3]
Plot[{y2,y4},{t,-0.04,0.04},PlotStyle->
  {Dashing[{0}],Dashing[{0.02}]}]
```

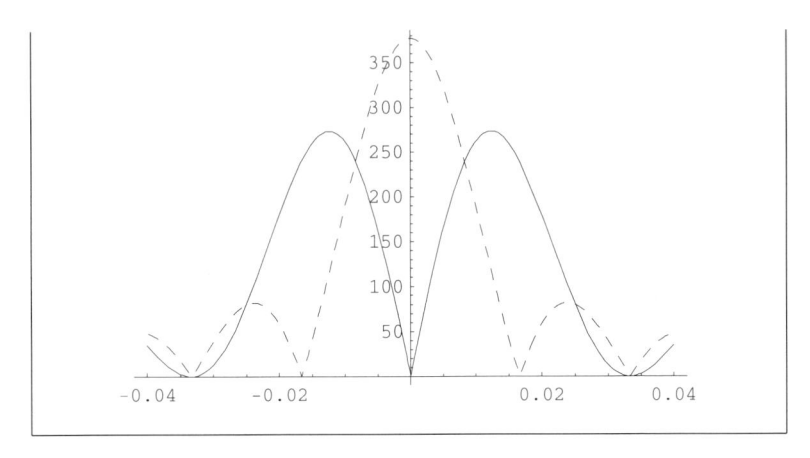

13.3

```
<<Graphics`Graphics`
s=10^(-4)
w=2 Pi f1 10^3
a1=(w(4 Pi 10^(-7) 4 10^(-9)/(36 Pi))^0.5/(2^0.5))
b1=((s/(w 4(10^(-9)/(36 Pi))))^2+1)^0.5
c1=8.686 a1((b1)-1)^0.5
LogLinearPlot[c1,{f1,1,1000},PlotRange->{0.0,0.1},
    GridLines->Automatic,
Frame->True,FrameLabel->{"Frequency(kHz)",
    "Attenuation(dB/m)"}]
```

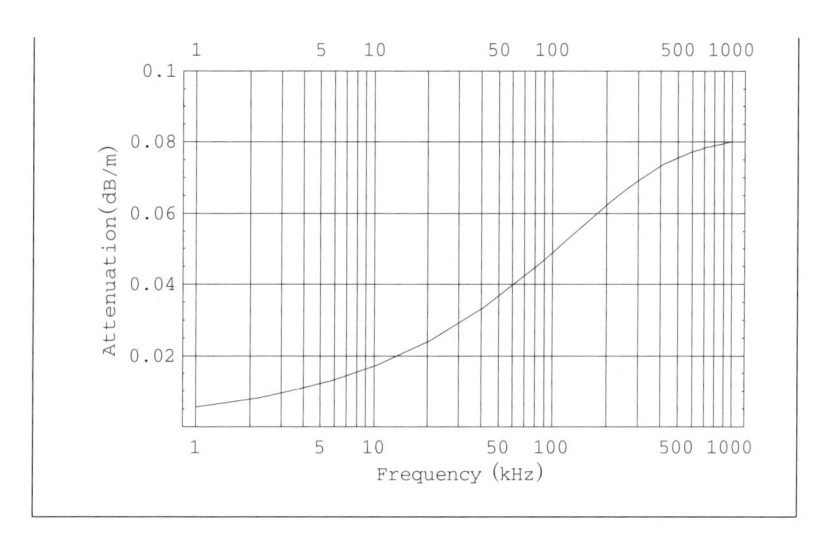

14.1

```
t2=ArcSin[1.5 Sin[t1]]
Plot[t2,{t1,0,Pi/2}]
```

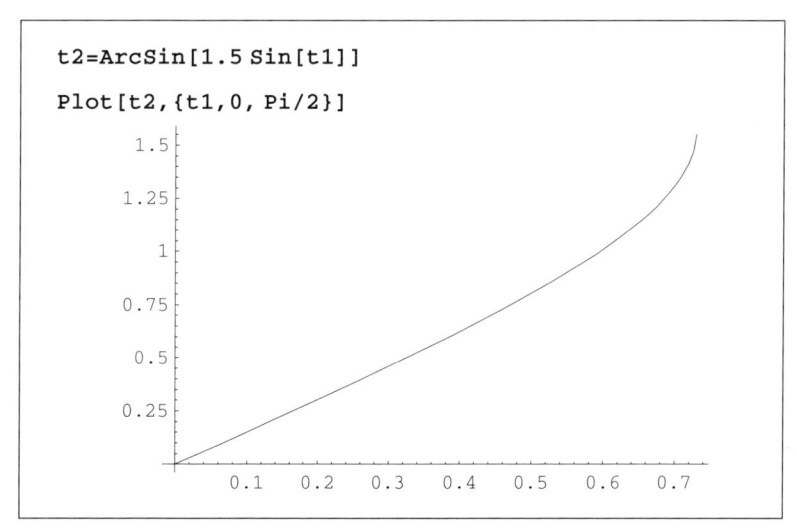

透過角が π/2 になる入射角は $\theta_1 = \sin^{-1}\dfrac{n_2}{n_1}$ から 0.7297 rad である．

14.2

```
n=1.5
d=5 10^(-3)
f=f1 10^9
c=3 10^8
r1=0.95 ; r2=0.5
t1=(1-r1)^2/((1-r1)^2+4 r1 (Sin[(2 Pi n d f/c)])^2)
t2=(1-r2)^2/((1-r2)^2+4 r2 (Sin[(2 Pi n d f/c)])^2)
Plot[{t1,t2},{f1,0, 50},PlotRange->All]
```

14.3

```
r=0.95
n=1.5
d=5 10^(-3)
f=(f1+0.5 Sin[x]) 10^9
c=3 10^8
t=(1-r)^2/((1-r)^2+4 r (Sin[(2 Pi n d f/c)])^2)
```

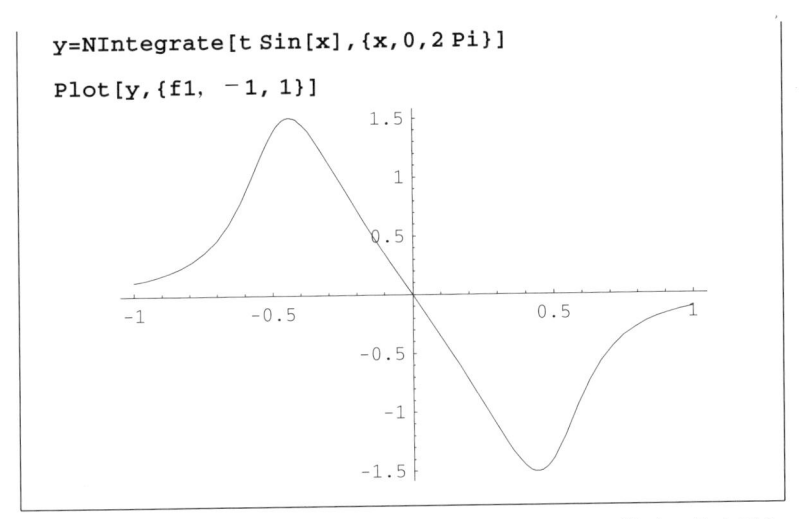

```
y=NIntegrate[t Sin[x],{x,0,2 Pi}]
Plot[y,{f1,-1,1}]
```

微小変調の振幅が共振曲線の変化よりも非常に大きいので正しい微分の値を示していない．正確に表すには微小変調の値を小さくする必要がある．

付録1 屈折率が層状に変化している場合の光線の通路

付図1のように，屈折率が層状に変化している所に入射した光線の通路を計算する．図のように各層の入射角をとるとスネルの法則から次の式が成り立つ．

$$n_0 \sin\theta_0 = n_1 \sin\theta_1 = n_2 \sin\theta_2 = \ldots = n_n \sin\theta_n \tag{1}$$

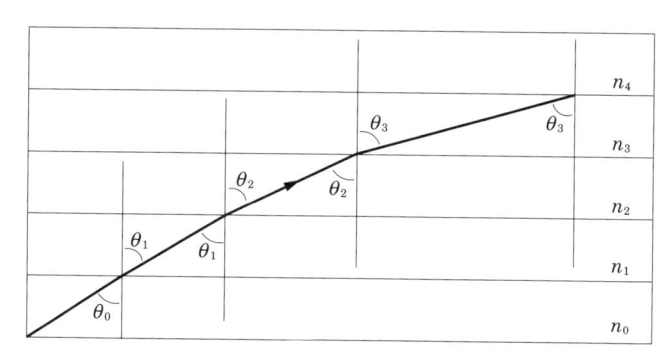

付図1 屈折率が層状に変化している構造

ここで，光線が次第に屈折し θ_n が $\pi/2$ になると $n_0 \sin\theta_0 = n_n$ となる．すなわち，n 層に光が入らない入射角 θ_0 は，

$$\theta_0 = \sin^{-1} \frac{n_n}{n_0} \tag{2}$$

となる．光線の通路は座標系を付図1のようにとり各層の厚さを Δy とすると

$$\theta_n = \sin^{-1} \frac{n_{n-1} \sin\theta_{n-1}}{n_n} \tag{3}$$

$$\Delta x_n = \frac{\Delta y}{\tan\left[\frac{\pi}{2} - \theta_{n-1}\right]} \tag{4}$$

$$x_n = \sum_{n=1}^{n} \Delta x_n \tag{5}$$

である．上記の計算をExcelで行う例を以下に示す．まず，$n_4 = 1.4$ と $n_5 = 1.5$ の層の境界で全反射する入射角 θ_0 を求めるととなる．式(2)より，$\theta_0 = 0.8232$ rad（47.17°）となる．入射角がこれより大きければよいので，ここで

は $\theta_0 = 0.85$ として計算を行う．

　計算結果を付表(1)に示すが，多少説明を加える．表で nn：屈折率，in：入射角（式(3)においては θn），$\Delta x = \mathrm{del}xn$, $x = xn$, $y = yn$ である．まず，セル $C2$ に最初の入射角 0.85 を入れる．次に $C3$ のセルに式(3)の θ_1 を求める式を下式のように入れる．

付表1　光線通路の計算

	A	B	C	D	E	F
1	n	nn	in	delxn	xn	yn
2	0	1.5	0.85	0	0	0
3	1	1.4	0.93558	1.138324	1.138324	1
4	2	1.3	1.048873	1.356593	2.494918	2
5	3	1.2	1.220003	1.738758	4.233676	3
6	4	1.1	#NUM!	2.732751	6.966427	4

```
=ASIN(B2*SIN(C2)/B3)
```

Enter キーを押せば，$C3$ のセルは 0.93558 となり，この値が θ_1 の値である．$C4$ セル以下の値はカーソルを $C3$ に移し，セルの右下セルの角が＋になるようにしてからマウスの左を押したまま $C6$ のまでドラッグし $C6$ のところで放すと $C4, C5, C6$ のセルの所には付表1に示すような値が示される．

　この値がそれぞれの層の入射角である．$C6$ のセルには＃NUM！となるのはこの欄に相当する所には光線が存在せず数値が無いからである．

次に Δx を求めよう．

$$\Delta x_1 = \frac{\Delta y}{\tan\left[\dfrac{\pi}{2} - \theta_0\right]} \tag{6}$$

であるから，今層の厚さを $\Delta y = 1\,\mu\mathrm{m}$ として計算する．$D2$ のセルには 0 を入れ，$D3$ には =1/(TAN((3.1416/2) − C2)) として Enter キーを押せば 1.138324 となる．$D4$ 以降はさきの $in(\theta_n)$ を求めたと同様に行えば直ちに答がでる．

次に，x の値は $x = \Sigma xn$ であるから，$E3$ の所には $= E3 + D3$ と記入し Enter キーを押せば答がでる．以下の欄は先の場合と同様にすれば求められる．求めた結果を付表に示す．

この結果を図示するには付表1の xn および yn を Excel の作図を用いて描けば付図2のような結果が得られる．作図の際，グラフの種類には散布図を用いることが必要である．

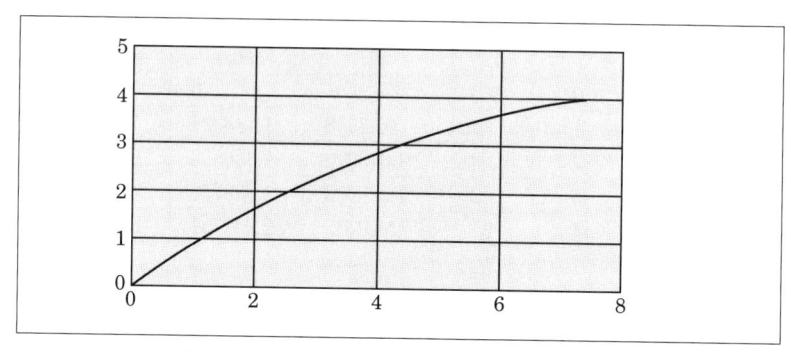

付図2 光線の通路（単位：μm）

付録2 三角関数のべき乗

$$\sin^2\theta = (-\cos 2\theta + 1)/2$$
$$\sin^3\theta = (-\sin 3\theta + 3\sin\theta)/4$$
$$\sin^4\theta = (\cos 4\theta - 4\cos 2\theta + 3)/8 \quad (7)$$
$$\sin^5\theta = (\sin 5\theta - 5\sin 3\theta + 10\sin\theta)/16$$
$$\sin^6\theta = (-\cos 6\theta + 6\cos 4\theta - 15\cos 2\theta + 10)/32$$

$$\cos^2\theta = (\cos 2\theta + 1)/2$$
$$\cos^3\theta = \theta(\cos 3\theta + 3\cos\theta)/4$$
$$\cos^4\theta = (\cos 4\theta + 4\cos 2\theta + 3)/8 \quad (8)$$
$$\cos^5\theta = (\cos 5\theta + 5\cos 3\theta + 10\cos\theta)/16$$
$$\cos^6\theta = (\cos 6\theta + 6\cos 4\theta + 15\cos 2\theta + 10)/32$$

英字・記号・コマンドの索引

【記号】

―	6
%	8, 13, 47
*	6
.	25
:=	62
;	16
?	10, 24
^	7
`	17
f[x]	15
->	34
/;	62
π	9
/	6
+	5
≪	17
<=	62
=	20
==	20

【A】

Abs	13, 92
All	92
AM	88
Apart	20
ArcTanh	56
Arg	13
AspectRatio	54, 104
Automatic	37
AxesOrigin	39

【B】

BarChart	42, 92
BarStyle	92
BesselJ	92
BoxRatios	78

【C】

≪Calculus`FourierTransform`	62, 95, 98
Clear	15
ContourPlot	81
Contours	82
ContourShading	82
Cos	33
CR回路	73

【D】

D	28
Dashing	34
Det	26
DSB－AM	84

【E】

e	9
Erfc	102
Excel	128
Expand	14

【F】

Factor	19
False	82
FindRoot	22, 121
Fit	48
FM	89
Frame	37
FrameLabel	38, 104
FrameTicks	102, 104

【G】

≪Graphics`Graphics`	42, 92, 102
≪Graphics`Implicitplot`	17
≪Graphics`PlotField`	80
Graphics	17
GraphicsArray	37

GrayLevel	36	PlotField	80
GridLine	104	PlotGradientField	80
GridLines	37	PlotJoined	47
		PlotPoints	79, 87
		PlotRange	37

[H]

Hue — 35

[I]

I	11	PlotStyle	36, 46
Im	13	PM	89
IM	88	PointSize	46
Implicitplot	17	PolarPlot	106
Infinity	31	Prepend	92
Integrate	30		

[R]

Random	63
Range	39
Re	13

[J]

j — 11

[S]

[L]

LinearLogPlot	40	ScaleFunction	81
LinearSolve	26	SC$-$DSB$-$AM	87
ListPlot	46	Shift+Enter	2
LogLinearPlot	41	Show	37
LogLogPlot	41	Sin	33
LogPlot	102	Solve	20
		Sqrt	8
		SSB$-$AM	88
		Sum	15, 60

[M]

MatrixForm — 25

[T]

[N]

N	9	Table	42, 45
N[E]	9	Thickness	34
NFourierTrigSeries	63, 95	Ticks	92
Nsolve	20, 54	Transpose	92
		True	37, 47

[V]

ViewPoint — 79

[P]

ParametricPlot	54, 57
Pi	9
PieChart	43
Plot	16
Plot3D	78

用語の索引

【あ 行】

アドミタンス	54
アナログ変調	132
誤り率	103
アンテナ	105
位相	57
位相定数	56, 113, 127
位相変調	84
色	35
陰関数	17
引数	8
因数分解	20
インピーダンス	54
エタロン	135
円グラフ	43
円周率	9
折れ線	47

【か 行】

開口面アンテナ	109
開放	56
ガウス	72
ガウス分布	101
角度変調	89
確率密度関数	102
掛け算	6
加算	5
カットオフ	75
過変調	87
関数	20
規格化周波数	125
奇関数モード	126
起動	2
逆片対数表示	41
虚数単位	11
境界条件	124
共振周波数	135
強度変調	88, 133
行列	25
行列式	26
虚部	13
近似解	21
近似式	48
近似値	7
偶関数モード	126
屈折	115, 120
屈折角	116
屈折率分布	128
組込み関数	8
クラッド	124
グラフ	21, 33
グラフ表示	46
グレーデッド形ファイバ	127
計算間隔	45
桁数	9
減算	6
減衰	112
減衰定数	56, 76, 114
検波信号	95
厳密値	7
コア	124
高域通過フィルタ	76
高調波	61, 95
交点	21
誤差信号	136
固有	126
固有インピーダンス	112
固有値	125

166　索引

固有値方程式　126

【さ 行】

最大電力　52
サイドローブ　112
座標軸　37
三角波　66, 69
3次元分布　78

磁界成分　124
軸の交点　39
指向特性　111
指数関数　48
自然対数　9
実効値　32, 102
実部　13
周期波形　59
周波数安定化　134
周波数基準　134
周波数スペクトル　67
周波数偏移　89
周波数変調　84, 89
周波数変調波　97
周波数弁別回路　97
終了　4
瞬時周波数　89
乗算　6
消費電力　53
除算　6
振幅変調　84
振幅変調度　85
振幅変調波　85
シンボル　14

数値解　20
数値表示　45
スネルの法則　116, 123
スラブ導波路　123

正弦波　32
積分　30

接線成分　124
絶対値　13
線種　34
線状アンテナ　107
全電力　92
全波整流　64

相対屈折率　116
測定点　47
側波帯　84, 88
損失媒質　112

【た 行】

帯域幅　91
対数　48, 114
対数表示　40
代数方程式　20
楕円　18
足し算　5
単極　101
単側波帯振幅変調　88
短絡　56

遅延定義　62
超越方程式　126
直接変調　132
直列回路　54

低域通過フィルタ　76
定積分　31
テイラー展開　133
電位　78
電荷　78
電界成分　124
電気力線　80
電磁界　105
点線　34
導電率　112
伝搬定数　56, 113
伝搬時間　121
伝搬通路　121

索　引

電流分布	107
同位相	57
透過率特性	135
導関数	28
同軸ケーブル	76
同時描画	33
等電位線	81
等電位の間隔	82
特性インピーダンス	56

【な　行】

2次定数	56
2乗分布	128
入射角	115
濃淡	36
濃淡の削除	82

【は　行】

破線	34
バッククォート	17
パッケージ	16
パラボラアンテナ	109
パルス応答波形	73
パルス波形	67
パルス符号変調方式	101
反射	115
反射角	115
反射係数	116
搬送波	84
搬送波除去AM	88
搬送波除去振幅変調	87
半導体レーザ	132, 134
半波整流波形	59
半波長アンテナ	108
光ファイバ	120
引き算	6
比屈折率	128
微小ダイポール	105

微分波形	136
比誘電率	113
表示範囲	36
ファブリペローエタロン	135
フーリエ逆変換	67
フーリエ級数	59, 95
フーリエ変換	67
負荷抵抗	52
複素数	11
複素平面	11
複素誘電率	112
復調	94, 98
符号誤り率	101
不定積分	30
太さ	34
部分分数	20
ブリュースタ角	118
フレームラベル	38
平方根	7
平面波	112
べき乗	7
べき乗根	7
ベクトル	24, 54
ベクトル軌跡	54
ベクトル表示	55
ベッセル関数	92
偏角	13
片対数表示	40
変調指数	89
偏微分	28
棒グラフ	42
方形波	62, 68
放射電界	107
放射特性	107
放射パターン	109
方程式	20
補誤差関数	102
補助線	39

| 保存 | 3 |

【ま行】

| マクスウェルの方程式 | 125 |
| モード | 125 |

【や行】

| ユニポーラ | 101 |

【ら行】

ランダム	63
リサージュ波形	57
両側波帯振幅変調波	94
両側波帯変調	84
両対数表示	41
連立方程式	23

【わ行】

| 割り算 | 6 |

〈著者紹介〉

榛葉　實
しんば　みのる

学　歴　早稲田大学理工学部電気通信科卒業（1955）
　　　　工学博士（1971）
職　歴　日本電信電話公社入社
　　　　新潟大学工学部電気工学科教授
　　　　東京電機大学工学部情報通信工学科教授

Mathematicaによる
通信工学

2000年9月10日　第1版1刷発行	著　者　榛　葉　　實
	発行者　学校法人　東京電機大学 　　　　代表者　丸山孝一郎 発行所　東京電機大学出版局 　　　　〒101-8457 　　　　東京都千代田区神田錦町2-2 　　　　振替口座　00160-5-71715 　　　　電話（03）5280-3433（営業） 　　　　　　（03）5280-3422（編集）
印刷　三美印刷（株） 製本　（株）徳住製本所 装丁　高橋　壮一	ⓒ Shinba Minoru 2000 Printed in Japan

＊無断で転載することを禁じます。
＊落丁・乱丁本はお取替えいたします。

ISBN4-501-32130-X　C 3055

Ⓡ〈日本複写権センター委託出版物〉

Mathematica 関連図書

かんたん Mathematica 活用ガイド
吉田賢史 著
A5判 162頁
Mathematicaを使った基礎的な数学の学習を目的とした，初級者向けの入門書。また，中上級者向けのコマンドリファレンスとしても使うことができる。

Mathematica3 による 工科の数学
田澤義彦 著
B5判 200頁 CD-ROM付
Mathematica3を用いて工科系の大学で学ぶ数学の全体像を概観することを目的とする。実例に基づいた基本的な機能の解説を通して，工科系の数学が把握できるよう配慮した。

Mathematica による 電磁気学 第2版
川瀬宏海 著
B5判 252頁 CD-ROM付
電磁気学の数学的モデルを Mathematica のグラフィックス機能を用いてわかりやすく解説。

Mathematica による メカニズム
小峯龍男 著
B5判 162頁 CD-ROM付
「動くメカニズムの本」として，Mathematicaの演算・アニメーション機能を用い，数式と動作が視覚的に関連して理解できるよう配慮した。

Mathematicaで絵を描こう
中村健蔵 著
B5判 252頁 CD-ROM付
グラフィックス能力の高い数式処理ソフトである Mathemaicaを画像作成ツールとして使用し，アーティスティックな絵を描く方法を紹介する。付属CD-ROMで絵の色や動きを楽しめる。

ファーストステップ Mathematica
数値計算からハイパーリンクまで
小峯龍男 著
B5判 160頁
Mathematica3の新機能であるボタンとハイパーリンクを含め，初めての人のために視覚的にやさしく解説。

見る微分積分学
Mathematicaによるイメージトレーニング
井上真 著
A5判 264頁 CD-ROM付
Mathematicaのグラフィックス表示やアニメーションの機能を用い，物事を学ぶ上で重要な概念を表現し，読者が自分のイメージを作るための場を提供する。

Mathematica による プレゼンテーション
創作グラフィックス
川瀬宏海 著
B5判 262頁 CD-ROM付
馴染みの少ない純関数や条件式およびパターン認識操作を行い，グラフィックスや彩色の操作を中心に，独自性のあるグラフィックス作成法をまとめた。

Mathematica による 材料力学
小峯龍男 著
B5判 168頁 CD-ROM付
材料力学の問題解法の中で比較的多くの時間を占める式の展開や計算処理を Mathematica を用いることにより，理論を記述すれば解が求まるように，簡単に解説。

Mathematicaハンドブック
M.L. アベル／J.P. ブレイセルトン 共著
川瀬宏海／五島奉文／佐藤穂／田澤義彦 共訳
B5判 818頁
多くのコマンドに関する豊富な実例が示してあり，計算結果や記号演算およびグラフィックス表示の機能が視覚的に理解できる。よりていねいな訳注によりわかりやすい訳を心がけた。

＊定価，図書目録のお問い合わせ・ご要望は出版局までお願い致します．